Der Erdschluß
in Hochspannungsnetzen

von

Hans Weber

Leiter des Elektrotechnischen Laboratoriums
der Berliner Kraft- und Licht-(Bewag) Akt. Ges.

Mit 86 Abbildungen

München und Berlin 1936

Verlag von R. Oldenbourg

VORWORT.

Weitaus die meisten Störungen in Hochspannungsanlagen werden durch Erdschlüsse eingeleitet oder sind mit Erdschlüssen verbunden. Mit der Beherrschung des Erdschlusses können die meisten Überspannungen sowie Kurzschlüsse und damit deren unangenehme Folgen, wie Spannungsabsenkungen, Außertrittfallen von Generatoren, Umformern, Strombelieferungsunterbrechungen u. dgl., vermieden werden.

Das vorliegende Buch, das in erster Linie für den Betriebsingenieur und den Studierenden bestimmt ist, soll diesen die Verhältnisse bei Erdschluß und die Bekämpfungsmethoden zusammengefaßt in einfacher Darstellung bringen. Auf weitausholende Ableitungen sowie auf exakte mathematische Darstellung der oft schwierigen Probleme wurde verzichtet.

Die Verhältnisse werden für die in der elektrischen Großversorgung allgemein üblichen Drehstromnetze erläutert, da Hochspannungsnetze anderer Phasenzahl meist nur für Spezialzwecke Anwendung finden. Für diese Netze gelten die Überlegungen in gleicher Weise bei sinngemäßer Anwendung der Formeln.

Für diejenigen Ingenieure, die die Verhältnisse eingehender betrachten wollen, sei auf die am Schluß des Buches angeführten Literaturstellen hingewiesen. Den Firmen AEG, BBC und S & H sei hier für die Überlassung von Druckstöcken nochmals bestens gedankt.

Berlin, Januar 1936.

Hans Weber.

Inhaltsverzeichnis.

A. Der Erdschluß und seine Wirkungen.

1. Spannungen gegen Erde und Ströme im normalen Betrieb.

Für die Betrachtung der Strom- und Spannungsverhältnisse in einem ungeerdeten Drehstromnetz sei das einfachste Netzgebilde herangezogen. Eine in Stern geschaltete Stromquelle (Generator oder

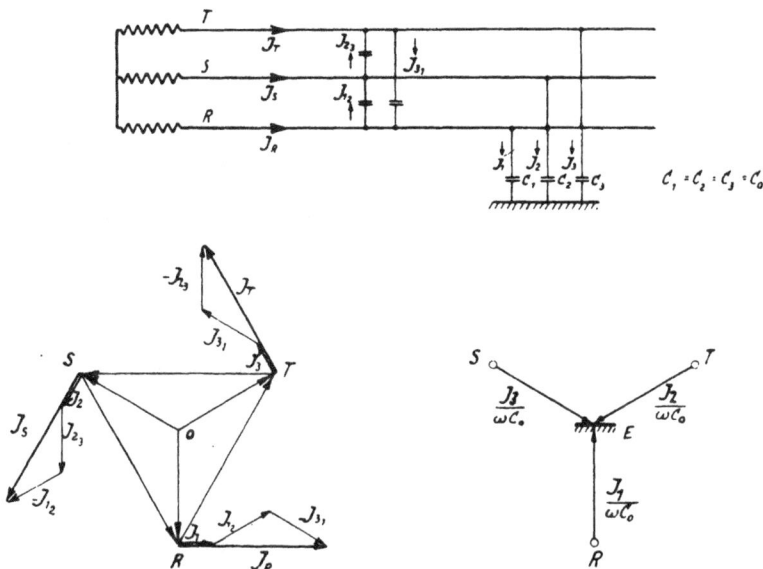

Abb. 1. Ströme und Spannungen einer leerlaufenden Drehstromleitung:
oben: Stromverteilung.
links: Spannungs- und Stromdiagramm.
rechts: Spannungsabfall Phase gegen Erde.
C_1, C_2, C_3, (C_0) Kapazitäten einer Phase gegen Erde.
I_1, I_2, I_3 Ströme von Phase zur Erde.
I_{12}, I_{23}, I_{31} Ströme von Phase zur Phase.
I_R, I_S, I_T Summenströme in den drei Phasen.

Transformator) speise eine dreiphasige unbelastete Stichleitung. Die Impedanzen der Leitungen und der Stromquelle seien vernachlässigbar klein gegenüber den Kapazitäts- und Ableitungswiderständen zwischen den Phasen bzw. zwischen Phase und Erde. Die auf die ganze Länge der Leitung verteilten Kapazitäten kann man dann ohne Fehler auf irgendeinem Punkt der Leitung konzentrieren. Im allgemeinen sind die

Ableitungsströme sehr klein gegenüber den Kapazitätsströmen. Sie werden deshalb im folgenden vernachlässigt. Es sei weiter vorausgesetzt, daß die Kapazitäten der 3 Phasen gleich groß sind. Die in jeder der 3 Phasen aus der Stromquelle fließenden Ströme setzen sich dann, wie Abb. 1 (oben und unten links) zeigt, zusammen aus einem Strom, der über die Kapazitäten zur Erde abfließt (I_1, I_2, I_3), und den über die Kapazitäten zwischen den Leitungen fließenden Strömen (I_{12}, I_{23}, I_{31}).

Die direkt von Phase zu Phase fließenden Ströme sind nur durch die verketteten Spannungen und die zwischen den Leitungen liegenden Kapazitäten bedingt. Die Spannungsverhältnisse gegen Erde sind also ohne Einfluß auf sie. Sie können deshalb für die folgenden Überlegungen, die ja nur die Stromverhältnisse gegen Erde untersuchen, außer Betracht gelassen werden.

Es ist leicht einzusehen, daß die zur Erde abfließenden Ströme unter der oben gemachten Voraussetzung — symmetrische Dreiphasenspannung und gleiche Erdkapazitäten der 3 Phasen — symmetrisch sind und deshalb auch symmetrische Spannungsabfälle in den Kapazitäten hervorrufen, die gleich groß den Phasenspannungen und diesen entgegengesetzt gerichtet sind (Abb. 1 unten rechts). Der Sternpunkt der 3 Kapazitäten, d. h. also das Erdpotential ist damit potentialgleich mit dem Sternpunkt der Stromquelle.

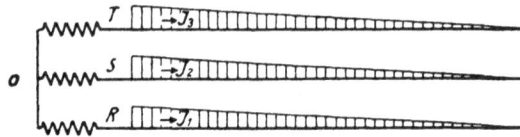

Abb. 2. Verteilung der zur Erde abfließenden Ströme längs einer leerlaufenden Leitung.

Da die Kapazitäten nicht — wie bis jetzt angenommen — in einem Punkt konzentriert sind, sondern sich gleichmäßig über die ganze Leitung verteilen, fließt von jedem Leiterelement gleich viel Strom zur Erde ab, und der Strom in jeder Phase der Leitung steigt proportional vom Ende der Leitung bis zur Stromquelle an (Abb. 2). Da sich die Ströme gegen Erde an jedem Punkt der Leitung zu Null ergänzen, fließt in der Erde selbst kein Strom.

Ist das Netzgebilde komplizierter und speisen mehrere Stromquellen in das Netz, so gelten die gleichen Gesetze wie für jede andere kapazitive Belastung, d. h. die Stromquellen beteiligen sich an der Lieferung des Stromes nach Maßgabe ihrer Größe (Leitwert) und ihrer inneren elektromotorischen Kräfte (Erregung bei Maschinen); die Verteilung auf die einzelnen Leitungen erfolgt im Verhältnis der Leitungsleitwerte.

2. Spannungsverlagerung gegen Erde durch unsymmetrische Erdkapazitäten.

Die in dem vorigen Kapitel gemachte Voraussetzung, daß die Kapazitäten der 3 Phasen gegen Erde gleich groß sind, trifft nicht immer zu.

Besonders in kleineren Freileitungsnetzen weichen infolge ungenügender Verdrillung der Phasen die Kapazitäten der 3 Phasen gegen Erde mehr oder weniger voneinander ab.

Wenn größere Anlageteile oder Leitungen nur ein- oder zweipolig unter Spannung stehen, z. B. bei Unterbrechung einer Phase, werden die Erdkapazitäten ebenfalls unsymmetrisch. Kurzzeitig tritt dies sehr oft auf, nämlich dann, wenn beim Ein- oder Ausschalten einer Leitung die 3 Pole des Leistungsschalters nicht ganz gleichzeitig schalten.

Aber auch ein- oder zweipolig gegen Erde angeschlossene Drosseln oder Widerstände können die Symmetrie gegen Erde stören. Letzten Endes stellt auch jeder satte Erdschluß oder Erdschluß über Widerstand eine unsymmetrische Belastung des Netzes gegen Erde dar. Da dieser Grenzfall in den nachfolgenden Kapiteln eingehend behandelt wird, sei hier nicht näher darauf eingegangen. Die hier angegebenen Formeln können jedoch auch dort angewandt werden.

Bei ungleichen Kapazitäten bzw. Impedanzen der Phasen gegen Erde sind naturgemäß die Spannungen gegen Erde ebenfalls nicht mehr symmetrisch.

Der Sternpunkt der Stromquelle ist dann nicht mehr potentialgleich mit dem unsymmetrisch zu den Phasen liegenden Potentialpunkt »Erde«. Zwischen dem Netzsternpunkt und Erde herrscht also eine Spannung (U_0). Sind ganz allgemein G_R, G_S, G_T die Leitwerte der Phasen gegen Erde und U_R, U_S, U_T die Phasenspannungen, so wird die Spannung U_0 des Systemnullpunktes gegen Erde (Nullspannung):

$$U_0 = - \frac{U_R \cdot G_R \,\hat{+}\, U_S \cdot G_S \,\hat{+}\, U_T \cdot G_T}{G_R \,\hat{+}\, G_S \,\hat{+}\, G_T}$$

und wenn die Phasenspannungen symmetrisch sind:

$$U_0 = - U_R \cdot \frac{G_R \,\hat{+}\, \left(-\frac{1}{2} - \mathrm{i}\,\frac{1}{2}\sqrt{3}\right) G_S \,\hat{+}\, \left(-\frac{1}{2} + \mathrm{i}\,\frac{1}{2}\sqrt{3}\right) G_T}{G_R \,\hat{+}\, G_S \,\hat{+}\, G_T}.$$

Das bedeutet also: die Spannung des Netznullpunktes gegen Erde ist gleich dem Quotienten aus der geometrischen Summe der mit ihren Phasenspannungen multiplizierten Leitwerte und der geometrischen Summe der Leitwerte. Sind die Leitwerte komplexe Zahlen (kapazitiver und Ohmscher Natur), so wird man zweckmäßig den Quotienten graphisch ermitteln, wie in Abb. 3 dargestellt ist. Man reiht einmal die Vektoren G_R, G_S und G_T aneinander, wobei aber G_S und G_T entsprechend ihren Phasenspannungen gegen ihre Richtung um 120 bzw. 240°

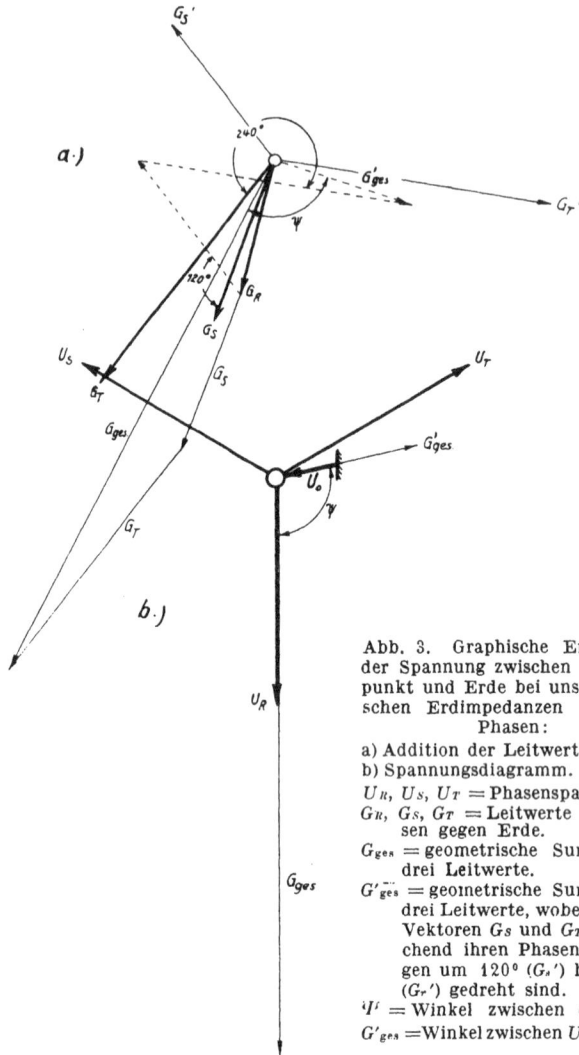

Abb. 3. Graphische Ermittlung der Spannung zwischen Netznullpunkt und Erde bei unsymmetrischen Erdimpedanzen der drei Phasen:
a) Addition der Leitwertvektoren.
b) Spannungsdiagramm.
U_R, U_S, U_T = Phasenspannungen.
G_R, G_S, G_T = Leitwerte der Phasen gegen Erde.
G_{ges} = geometrische Summe der drei Leitwerte.
G'_{ges} = geometrische Summe der drei Leitwerte, wobei aber die Vektoren G_S und G_T entsprechend ihren Phasenspannungen um 120° (G_S') bzw. 240° (G_T') gedreht sind.
ψ = Winkel zwischen G_{ges} und G'_{ges} =Winkel zwischen U_R und U_0.

verdreht sind (G_S', G_T' bzw. G'_{ges}), und außerdem addiert man die Leitwerte wie üblich. Der Winkel ψ zwischen beiden Summen ergibt die Abweichung der Nullspannung von der negativen Phasenspannung U_R. Die Größe der Nullspannung erhält man durch Teilen der Spannung U_R im Verhältnis der beiden Summen.

Meist können die Ableitungsströme vernachlässigt werden, dann kann man statt der Leitwerte die Kapazitäten setzen. Man erhält dann:

$$U_0 = -\frac{U_R \cdot C_1 \overset{\frown}{+} U_S \cdot C_2 \overset{\frown}{+} U_T \cdot C_3}{C_1 + C_2 + C_3}.$$

In einem Netz, in dem die Kapazitäten proportional den Leitungslängen sind (gleiche Leitungsart), können statt der Kapazitäten auch die Leitungslängen eingesetzt werden.

Beispiel: In einem 10-kV-Kabelnetz von 30 km Länge wird ein Stichkabel von 5 km zugeschaltet, dabei werden aber infolge mechanischen Defektes am Leistungsschalter nur 2 Phasen (S und T) eingelegt. In diesem Falle wird die Spannung des Netznullpunktes gegen Erde:

$$U_0 = -U_R \cdot \frac{30 + \left(-\frac{1}{2} - i\frac{1}{2}\sqrt{3}\right)35 + \left(-\frac{1}{2} + i\frac{1}{2}\sqrt{3}\right)35}{30 + 35 + 35} = +U_R \cdot 0{,}05$$

$$U_0 = \frac{10}{\sqrt{3}}\, 0{,}05\, \text{kV} \cong 0{,}3\, \text{kV},$$

d. h. das Potential des Systemsternpunktes gegen Erde ist um 0,3 kV verschoben, und zwar hat die Spannung Erde-Sternpunkt die gleiche Richtung wie die Spannung Sternpunkt-Phase R.

Starke Verlagerungen der Spannungen gegen Erde findet man öfter an leerlaufenden Transformatoren, wenn an die offene Seite des Transformators keine oder nur kurze Verbindungskabel angeschlossen sind und wenn dort außerdem noch einphasige Spannungswandler gegen Erde angeschlossen sind. Die Induktivitäten der Spannungswandler heben die parallelliegenden Erdkapazitäten der einzelnen Phasen teilweise bzw. ganz auf oder überwiegen sogar. Die Resterdimpedanzen der einzelnen Phasen werden dadurch sehr groß bzw. die Leitwerte sehr klein. Geringe Unterschiede in den Leitwerten der Wandler führen zu großen prozentualen Unterschieden zwischen den Gesamtleitwerten der einzelnen Phasen gegen Erde, so daß große Spannungsverlagerungen entstehen.

Bei Verwendung stark gesättigter Spannungswandler (z. B. bei Wandlern, die nur für Phasenspannung ausgelegt sind) können durch ungleiche Spannungen im Einschaltaugenblick starke Unterschiede zwischen den Leitwerten der Spannungswandler auftreten, wodurch Spannungsverlagerungen gegen Erde entstehen, die ihrerseits die Leitwertunterschiede und damit auch die Spannungsverlagerungen weiter vergrößern (Kipperscheinungen). Dies kann unter Umständen zur Überlastung und Zerstörung der Wandler führen. Solche Erscheinungen können durch zusätzliche gleichmäßige Belastung der drei Wandler verhindert werden. Dies bedingt aber zusätzliche Verluste und meist ein

Vergrößern der Wandlerfehler. Zweckmäßiger wird man in solchen Fällen Spannungsverlagerungen auf der Sekundärseite der Wandler nach den in Kap. 18 angegebenen Verfahren aussieben und die Sekundärwicklung, welche die Nullspannung erzeugt (offene Dreieckswicklung oder Wicklung auf dem 4. Schenkel), belasten. Der Belastungswiderstand ist dann nur solange belastet als Verlagerungen (bzw. Erdschlüsse) auftreten.

Da die Transformatoren meist nur kurze Zeit leerlaufend eingeschaltet sind und die Spannungen gegen Erde dort nicht gemessen bzw. beobachtet werden, werden solche Verhältnisse nur zufällig bekannt. Mit dem Einschalten auf das Netz verschwindet natürlich sofort wieder die Verlagerung, da dann die großen Erdkapazitäten des Netzes die Spannungen gegen Erde bestimmen.

3. Satter Erdschluß.

Der satte Erdschluß eines Drehstromnetzes, d. h. die widerstandslose Verbindung eines der 3 Leiter mit Erde bedingt eine Verlagerung aller Potentiale gegen Erde (Abb. 4). Die kranke Phase (R) hat die

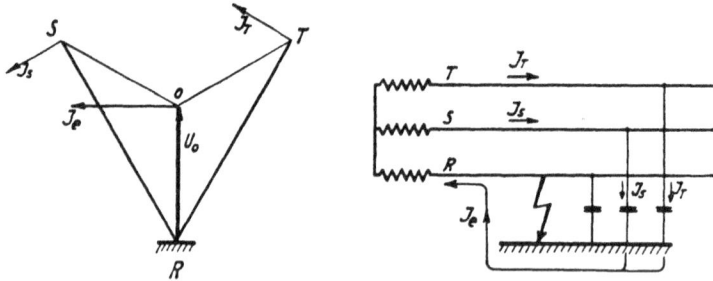

Abb. 4. Ströme und Spannungen gegen Erde bei Erdschluß.
U_0 = Spannung des Netznullpunktes gegen Erde.
$I_e = I_s + I_r$ = Strom über die Erdschlußstelle.

Spannung Null gegen Erde. Da sich die Spannungen der 3 Phasen untereinander und zum Systemnullpunkt nicht ändern, erhält der Netznullpunkt die negative Sternspannung der erdgeschlossenen Phase, und die beiden gesunden Phasen (S und T) erhalten verkettete Spannung gegen Erde. Das Erdpotential ist im Spannungsdiagramm vom Netznullpunkt nach dem Potential der erdgeschlossenen Phase abgewandert. Entsprechend den geänderten Spannungen steigt der zur Erde fließende Ladestrom der gesunden Phasen auf das $\sqrt{3}$fache des normalen Wertes, während er in der erdgeschlossenen Phase Null wird. Die drei zur Erde abfließenden Ströme ergänzen sich nicht mehr zu Null, und die Summe dieser drei Ströme (I_e) fließt über die Erdschlußstelle zur Stromquelle zurück.

Wesentlich vereinfacht werden alle Überlegungen, wenn man sich vorstellt, daß an der Erdschlußstelle eine zusätzliche EMK (U_0)

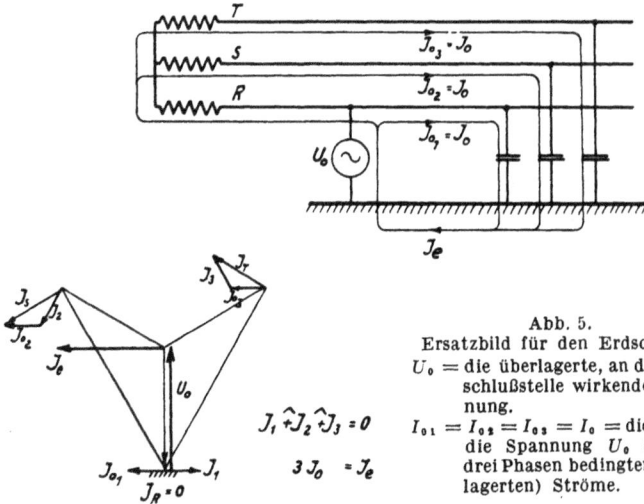

Abb. 5.
Ersatzbild für den Erdschluß:
U_0 = die überlagerte, an der Erdschlußstelle wirkende Spannung.
$I_{01} = I_{02} = I_{03} = I_0$ = die durch die Spannung U_0 in den drei Phasen bedingten (überlagerten) Ströme.

$$J_1 \overset{\frown}{+} J_2 \overset{\frown}{+} J_3 = 0$$

$$3 J_0 = J_e$$

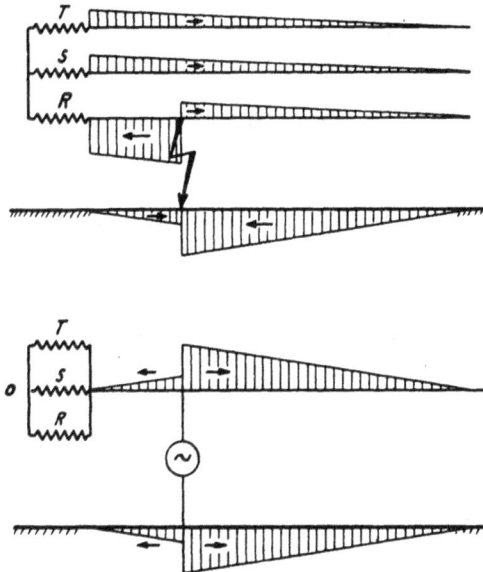

Abb. 6. Verteilung der durch den Erdschluß überlagerten Ströme (Nullstrom) längs der Leitung
oben: dreipolige Darstellung.
unten: zweipolige Darstellung.

wirkt, die gleich ist der negativen Phasenspannung der erdgeschlossenen Phase. Man kann dann zwei Zustände überlagern, nämlich den normalen

Netzzustand mit den symmetrischen Spannungen und Strömen gegen Erde, und einen zweiten, der gekennzeichnet ist durch die an der Erdschlußstelle wirkende Spannung U_0 (Erdschlußspannung). Diese überlagerte Spannung erzeugt außer den normalen Strömen in jeder Phase einen zusätzlichen Strom $I_0 = U_0 \cdot \omega C_0$, wenn C_0 die Kapazität einer Phase gegen Erde ist. Da diese überlagerten Ströme in allen 3 Phasen gleich groß und gleich gerichtet sind, addieren sie sich zu

$$I_e = 3 \cdot I_0 = U_0 \cdot 3\omega C_0.$$

Dieser Summenstrom fließt von der Erde über die Erdschlußstelle (Erdschlußstrom) und von dort in der kranken Phase zur Stromquelle zurück (Abb. 5).

Abb. 7. Nullstromverteilung bei Erdschluß am Ende einer Leitung, wenn das Netz nur aus dieser Leitung besteht.

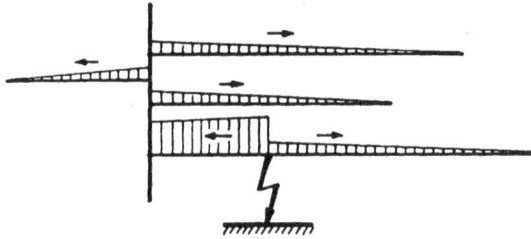

Abb. 8. Nullstromverteilung bei Erdschluß in einem Radialnetz.

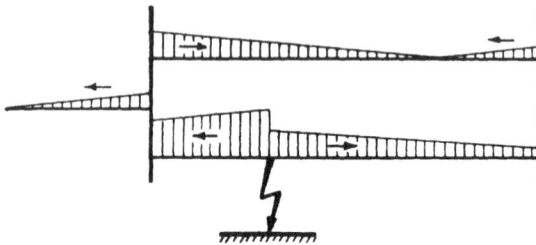

Abb. 9. Nullstromverteilung bei Erdschluß auf einer Doppelleitung.

Der Erdschluß bedingt also eine zusätzliche einphasige Belastung der Stromquelle von der gleichen Größe wie die bereits vorhandene dreiphasige Belastung durch die über Erde fließenden Ladeströme des Netzes.

Die Verteilung dieses zusätzlichen Stromes längs der Leitung zeigt Abb. 6 oben. In der kranken Phase fließt rechts von der Fehlerstelle natürlich kein Strom, da sich der hier gezeigte zusätzliche Strom mit dem normalen Erdladestrom zu Null ergänzt.

In Abb. 6 unten ist die Summe der zusätzlichen Ladeströme aller drei Phasen dargestellt, die gleich ist der Summe aller Ladeströme, da sich die normalen zu Null ergänzen. Man sieht deutlich, daß die Verteilung dieses Summenstromes oder Nullstromes, wie er auch genannt wird[1]), so erfolgt, als wenn an der Erdschlußstelle ein Einphasengenerator (Nullstromgenerator) wirken würde. Der Summennullstrom ist natürlich überall gleich, aber entgegengesetzt gerichtet dem in der Erde zurückfließenden Strom. Die Abb. 7, 8 u. 9 geben die Nullstromverteilung für einige Netzgebilde im Erdschlußfall wieder. Die

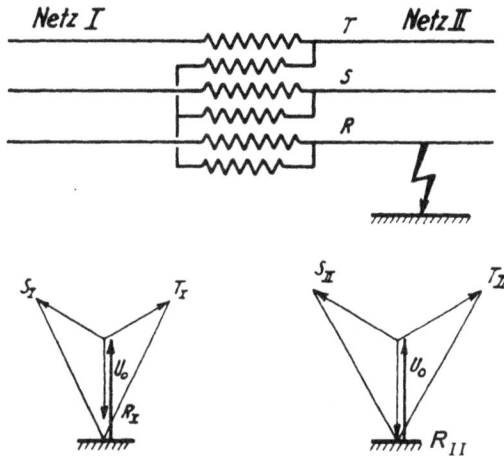

Abb. 10. Übertragung der Erdschlußspannung in einen durch Zusatztransformator verbundenen Netzteil:
R_I, S_I, T_I Spannungsstern im Netzteil I.
R_{II}, S_{II}, T_{II} Spannungsstern im Netzteil II.

Lage der Speisequellen oder Stromabgabestellen ist für die Nullstromverteilung (nicht für die zusätzliche einphasige Belastung!) ohne Belang. Ausschlaggebend ist nur die Lage des Erdschlusses.

Die Verlagerung der Spannungen gegen Erde tritt im gesamten Netz auf, soweit es metallisch verbunden ist, also von der Erdschlußstelle nicht durch Zwischenschaltung von Transformatoren getrennt ist.

Transformatoren in Sparschaltung wirken nicht als galvanische Trennung. Die Spannungsverlagerung wird also über sie hinweg übertragen, wobei die Größe und Richtung der Erdschlußspannung erhalten bleibt. Setzt also der Zusatz- oder Spartransformator die Netzspannung herunter oder herauf, so wird die Erdschlußspannung in dem zweiten Netz größer bzw. kleiner als die dortige Phasenspannung (s. Abb. 10).

---

[1]) S. a. G. Oberdorfer, Das Rechnen mit symmetrischen Komponenten, Verlag Teubner 1929.

a) Größe des Erdschlußstromes.

Die Größe des Erdschlußstromes ist, wie aus vorstehendem hervorgeht, der Spannungsverlagerung, bei sattem Erdschluß also der Phasenspannung am Fehlerort und der Erdkapazität des Netzes, mithin der gesamten galvanisch zusammenhängenden Leitungslänge proportional. Nach der von Petersen angegebenen empirischen Formel, die einen brauchbaren Mittelwert für 100 km Leitungslänge bei 10 kV und 50 Hz in A liefert, wird:

$$I_e = \frac{U}{10\,000} \cdot \frac{l}{100} \cdot c.$$

Es bedeuten:

l = Leitungslänge in km,
U = verkettete Spannung des Netzes in V,
c = Faktor für Freileitungen mit Erdseil im Mittel 3,
      für Freileitungen ohne Erdseil im Mittel 2,5,
      für normale Kabel 50 bis 100.

In den nachstehenden Kurventafeln[1]) sind Mittelwerte für die Erdschlußströme in Drehstromfreileitungen und Kabeln angegeben.

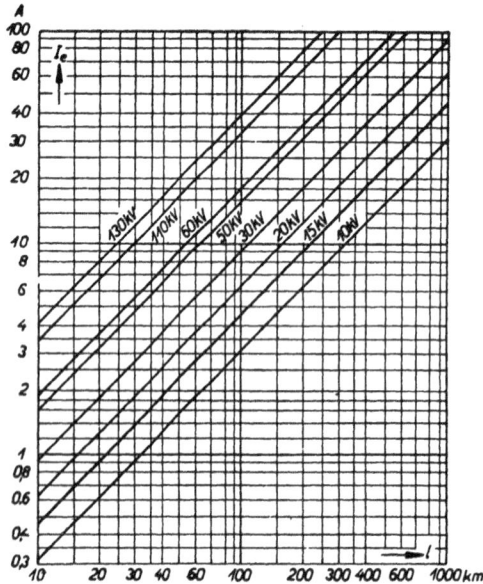

Abb. 11. Erdschlußstrom von Einfach-Drehstrom-freileitungen mit Erdseil bei 50 Hz.

Bei Freileitungen ohne Erdseil sind die Erdschlußströme bei sonst gleichen Bedingungen um etwa 20% geringer. Doppelleitungen in

---

[1]) S. a. M. Walter, Selektiv-Schutzeinrichtungen für Hochspannungsanlagen, Verlag R. Oldenbourg 1929.

Tannenbaum- sowie in umgekehrter Tannenbaumanordnung mit Erdseil haben z. B. bei 110 kV je 100 km einen Erdschlußstrom von etwa
$I_e = 54$ A, je Strang also 27 A. Ist ein Strang der Doppelleitungen
geerdet, so ergibt sich für
die ungeerdete Leitung ein
Strom $I_e = 36$ A. Ist dagegen der eine Strang an
beiden Enden offen und
nicht geerdet, so wird der
Erdschlußstrom des anderen
Stranges etwa $I_e = 33$ A.

Für Kabel in normaler
Ausführung mit runden Leitern sind die Erdschluß-
ströme für Betriebsspan-
nungen von 3 bis 30 kV in
der Abb. 12 graphisch auf-
getragen. Bei Sektorkabeln,
die normalerweise nur bis
10 kV hergestellt werden,
liegen die Erdschlußströme
bei derselben Betriebsspannung rd. 20 und 30 und sogar 40% höher. H-Kabel haben
bei den gleichen Bedingungen für
Betriebsspannung, Länge und
Querschnitt ungefähr die 2,5-
fachen Erdschlußstromwerte,
siehe Kurventafel Abb. 13. Bei
Berücksichtigung des Leiterab-
standes, Seilradius, der Leiter-
höhe, Mastform, sowie Anzahl
und Anordnung der Erdseile läßt
sich der Erdschlußstrom noch
genauer bestimmen. Es bleiben
aber auch dann noch einige Größen, die sich kaum erfassen lassen,
wie Seildurchhang, die im Zuge
der Leitung liegenden Anlageteile,
wie Sammelschienen, Transfor-

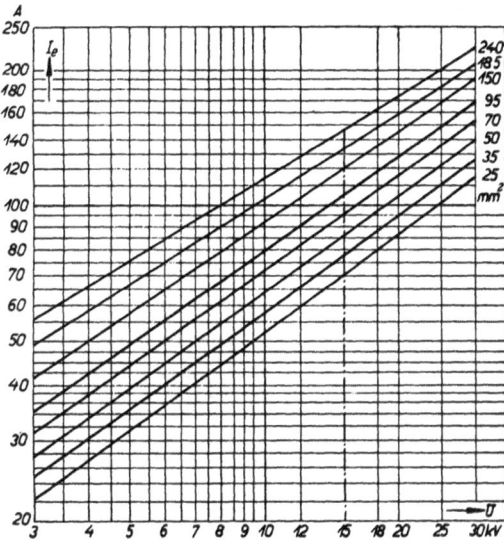

Abb. 12. Erdschlußstrom von normalen Drehstromkabeln bei 50 Hz, bezogen auf 100 km.

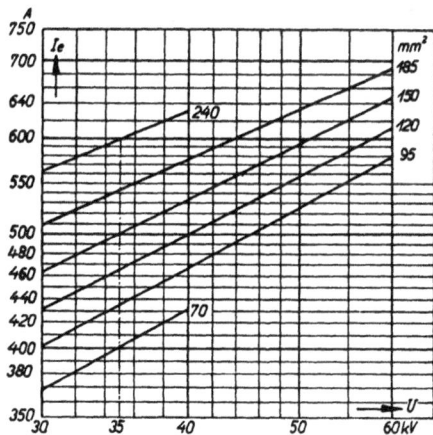

Abb. 13. Erdschlußstrom von Drehstromkabeln
in H-Ausführung bei 50 Hz, bezogen auf 100 km.

matoren, Ölschalter, Maste usw., die gleichfalls Einfluß auf die Größe
des Erdschlußstromes haben.

Für die genaue Bestimmung des Erdschlußstromes, wie sie bei Einführung von Kompensationseinrichtungen (siehe Kap. 12 u. 13) oder

nach größeren Netzumänderungen notwendig wird, ist es deshalb immer zweckmäßig, die Rechnungswerte durch einen Netzversuch nachzukontrollieren.

b) Wirkung des Erdschlusses auf nicht galvanisch verbundene Netze.

Netzteile, die nur transformatorisch mit dem erdschlußbehafteten Netz gekuppelt sind, werden von der Spannungsverlagerung unmittelbar nicht betroffen.

Der Erdschlußstrom bedingt zwar eine zusätzliche einphasige kapazitive Belastung, die an den speisenden Transformatoren und Generatoren wie jede andere kapazitive Belastung Spannungsänderungen (Erhöhungen) zwischen den Phasen hervorruft; im allgemeinen sind diese aber unbedeutend. Sind dagegen zwei Netze kapazitiv miteinander gekoppelt, so wirkt jede Nullpunktsverlagerung des einen Netzes auf das zweite Netz zurück. Solche kapazitive Kopplungen bestehen z. B. zwischen zwei auf dem gleichen Gestänge verlegten Leitungen.

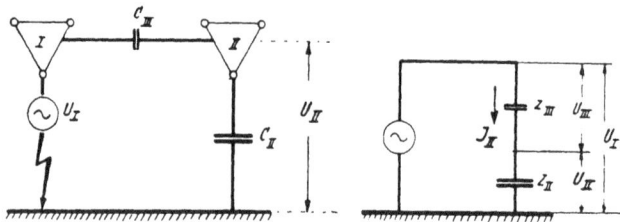

Abb. 14. Schematische Darstellung der kapazitiven Kopplung zwischen zwei galvanisch getrennten Netzen:

I Netz I.
II Netz II.
C_{II} Erdkapazität des Netzes II.
C_{III} Kopplungskapazität.
U_I Spannung zwischen System-Nullpunkt und Erde im Netz I.
U_{II} Spannung zwischen System-Nullpunkt und Erde im Netz II.
U_{III} Spannung zwischen Netz I und Netz II.

Die Verhältnisse seien an Hand der Abb. 14 erklärt. Netz I habe infolge Erdschlusses eine Nullpunktsverlagerung U_I. Dann fließt von der Leitung I auf direktem Weg ein Strom $I_I = \dfrac{U_I}{Z_I}$ zur Erde. Außerdem fließt aber auch ein Strom $I_{II} = \dfrac{U_I}{Z_{III} + Z_{II}}$ auf dem Umweg über die Leitung II zur Erde. Der Spannungsabfall, den dieser Strom (I_{II}) an der Impedanz Z_{II} hervorruft, entspricht dann einer Nullpunktsverlagerung des Netzes II (U_{II}). Es wird:

$$U_{II} = U_I \frac{Z_{II}}{Z_{III} + Z_{II}}. \qquad \ldots \ldots \ldots \quad (6)$$

Kann man die Ohmschen Komponenten (Ableitwerte) der Impedanzen

vernachlässigen, wie es im allgemeinen bei Netzen mit ungeerdetem
Nullpunkt der Fall ist, dann wird:

$$U_{II} = U_I \frac{C_{III}}{C_{III} + C_{II}}, \quad \ldots \ldots \ldots \quad (7)$$

wenn C_{III} die gegenseitige Kapazität und C_{II} die Erdkapazität des
Netzes II ist, oder:

$$U_{II} = U_I \frac{1}{1 + \dfrac{l_{II} \cdot c_{II}}{l_{III} \cdot c_{III}}} = U_I \frac{1}{1 + \gamma} \quad \ldots \ldots \quad (8)$$

wenn l_{II} = Längenausdehnung des beeinflußten Netzes,

l_{III} = Länge der Parallelführung,

c_{II} = Erdkapazität des beeinflußten Netzes pro Längeneinheit,

c_{III} = gegenseitige Kapazität pro Längeneinheit,

$\gamma = \dfrac{l_{II}}{l_{III}} \cdot \dfrac{c_{II}}{c_{III}}.$

Am größten wird die Beeinflussung, wenn das Netz II nur aus
der parallel geführten Strecke besteht, wenn beispielsweise ein Strang
einer Doppelleitung abgeschaltet und nicht geerdet ist. In diesem Fall
wird entsprechend dem Verhältnis der Erdkapazität zur gegenseitigen
Kapazität, das meist ungefähr 2 bis 3 ist, die Verlagerungsspannung
33 bis 25% der induzierenden Erdschlußspannung U_I des Netzes I. Meist
sind aber nur Teile der Netze parallel geführt, die induzierte Spannung
wird dann entsprechend kleiner. Fahren beide Netze nicht synchron,
dann macht sich die Verlagerungsspannung in dem Netz II als Schwe-
bung der Leiterspannungen gegen Erde bemerkbar. Auf die wesentlich
ungünstigeren Verhältnisse in kompensierten Netzen wird im Kap. 14d
noch näher eingegangen. Arbeitet ein Generator ohne Zwischennetz
über einen Transformator direkt auf ein Netz, dann wirkt die gegenseitige Kapazität zwischen Primär- und Sekundärwicklung des Transformators ebenfalls als Kopplung in obigem Sinn. Bei geringer Erdkapazität des Generators und seiner Verbindungsleitungen zum Transformator können bei Erdschluß im Netz ganz erhebliche Spannungsverlagerungen gegen Erde am Generator auftreten.

4. Erdschluß über Widerstand.

Für die Betrachtungen des Kap. 3 war vorausgesetzt, daß die
Widerstände in der Erdschlußbahn vernachlässigt werden können.
Dies trifft meist auch zu; nur in Netzen mit größerem Erdschlußstrom
kommt es vor, daß der Lichtbogenwiderstand, der Erdübergangswider-
stand, die Impedanz der zum Fehlerort führenden Leitung oder die
Summe dieser drei merklichen Einfluß auf die Spannungsverlagerung

2*

haben. Die Änderung der Erdschlußspannung in Größe und Richtung gegenüber dem Wert bei sattem Erdschluß ergibt sich aus dem Spannungsabfall, den der Erdschlußstrom I_e an der Impedanz Z in der Strombahn hervorruft. Man stellt sich diesen Abfall zweckmäßig als inneren Spannungsabfall des Nullstromgenerators, der an der Fehlerstelle wirkt, vor. Es wird dann bei Erdschluß in Phase R die im Netz meßbare Erdschlußspannung:

$$U_0 = - U_R \frac{\dfrac{1}{Z}}{\dfrac{1}{Z} + j\, 3\, \omega\, C_0} = - U_R \cdot \frac{1}{1 + Z \cdot j\, 3\, \omega\, C_0}.$$

In Abb. 15 ist die Lage des Erdpotentials bei rein Ohmschem Widerstand in der Erdschlußbahn dargestellt. Mit zunehmendem Widerstand wandert das Erdpotential im Spannungsdreieck vom Punkt R (bei sattem Erdschluß — also Widerstand $= 0$) über den Halbkreis R—E—0 bis zum Sternpunkt des Systems (Widerstand $R = \infty$).

Der Winkel δ ergibt sich aus:

$$\mathrm{tg}\, \delta = 3\, \omega\, C_0 \cdot R.$$

Die in der Abb. 15 wiedergegebenen Verhältnisse entsprechen folgendem Fall:

In einem 15-kV-Freileitungsnetz mit einer Ausdehnung von 500 km Leitungslänge und einem Erdschlußstrom von 27 A ist ein Seil der Phase R gerissen. Das eine Ende liegt am Erdboden. Der Übergangswiderstand vom Seil zur Erde beträgt 100 Ω. Es wird dann:

Abb. 15. Lage des Erdpotentials im Spannungsdiagramm bei Ohmschem Widerstand in der Erdschlußbahn.

$$3 \cdot \omega\, C_0 = \frac{\sqrt{3} \times 27\,\mathrm{A}}{15\,000\,\mathrm{V}} = 0{,}0031 \text{ Siemens.}$$

$$Z = 100\,\Omega$$

$$U_0 = - U_R \times \frac{1}{1 + Z \times j\, 3\, \omega\, C_0} = - U_R \cdot \frac{1}{1 + 100 \times j\, 0{,}0031}$$

$$U_0 = - U_R \cdot 0{,}95;$$

$$\mathrm{tg}\, \delta = 0{,}0031 \cdot 100 = 0{,}31.$$

Entsprechend der Erdschlußspannung geht auch der Erdschlußstrom von 27 A auf $27 \cdot 0{,}95 = 25{,}6$ A zurück.

Wie dieses Beispiel zeigt, muß der Widerstand in der Erdschlußbahn ziemlich groß werden, bis er den Erdschlußstrom merklich vermindert.

Ist die Impedanz von der Stromquelle zum Erdschlußpunkt induktiver Natur, z. B. eine Kurzschlußstrom-Begrenzungsdrossel (ωL), so

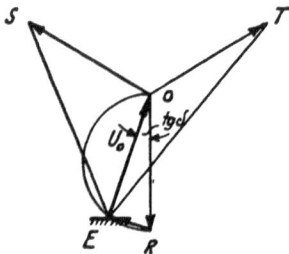

wird durch diese die Erdschlußspannung und damit der Erdschlußstrom erhöht. Es wird:

$$U_0 = - U_R \frac{\dfrac{1}{\omega L}}{\dfrac{1}{\omega L} - 3\,\omega\,C_0}.$$

Bedenkliche Erhöhung der Erdschlußspannung könnte aber hierdurch
nur in Netzen mit sehr großem Erdschlußstrom auftreten. In einem
30-kV-Kabelnetz mit 3000 A Erdschlußstrom würde bei Erdschluß
hinter einer Strombegrenzungsdrossel von 3,0 Ω die Erdschlußspannung von 17,3 kV auf rd. 36 kV ansteigen und der Erdschlußstrom
würde rd. 6000 A betragen. Würde die Erdschlußstelle am Ende eines
dahinterliegenden 15 km langen Kabels (95 mm²) auftreten ($\omega L = 2,7\ \Omega$,
siehe S. 37), so würde Spannungsresonanz entstehen, d. h. die Erdschlußspannung und der Strom wären nur noch durch die Ohmschen Verluste
im Stromkreis begrenzt. Es ist klar, daß man ein derartiges Netz nicht
mehr freischwingend betreiben kann.

5. Ein- und Ausschwingvorgänge.

Der Übergang von dem gesunden zu dem erdschlußbehafteten Betrieb und umgekehrt erfolgt wie bei allen elektrischen Zustandsände-
rungen nicht ruckartig, sondern in Form überlagerter, abklingender
Spannungs- und Stromschwingungen. Die Übergänge sind infolge
Überlagerung mehrerer Vorgänge ziemlich kompliziert.

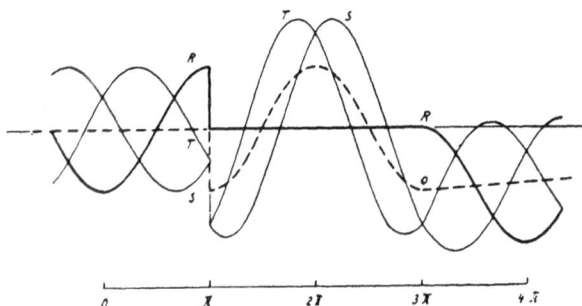

Abb. 16. Schematische Darstellung der Spannungen beim Übergang
vom normalen Betrieb in den erdschlußbehafteten ($t = \pi$) und
umgekehrt ($t = 3\,\pi$).

a) Einschwingvorgang.

Der Einschwingvorgang setzt mit einem Wanderwellenausgleich
ein, geht dann in die Entladeschwingung der erdgeschlossenen Phase
und die Aufladeschwingungen der gesunden Phasen über, die meist in
Form exponentiell abklingender Sinusschwingungen vor sich gehen.

Der Spannungszusammenbruch der kranken Phase beim Auftreten des Erdschlusses erfolgt immer in dem Augenblick, in dem die Spannung ihren positiven oder negativen Scheitelwert durchläuft oder zum mindesten in dessen Nähe. In Abb. 16 sind die Spannungsänderungen schematisch dargestellt. Die Spannungen der drei Phasen ändern sich, wie bereits in dem Kapitel 4 ausgeführt, um den Betrag U_0, der meist praktisch gleich der negativen Phasenspannung der erdgeschlossenen Phase ist. Entsprechend den Spannungen müssen sich auch die Ladungen der drei Phasen ändern. Die Ladung der kranken Phase muß von $Q = U_{ph} \cdot C_0$ auf Null zurückgehen, die der beiden gesunden Phasen muß sich von $-0,5\,Q$ auf $-1,5\,Q$ erhöhen.

Die Entladung der kranken Phase erfolgt direkt über die Erdschlußstelle (siehe Abb. 17).

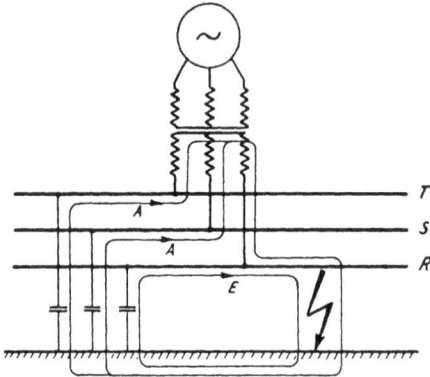

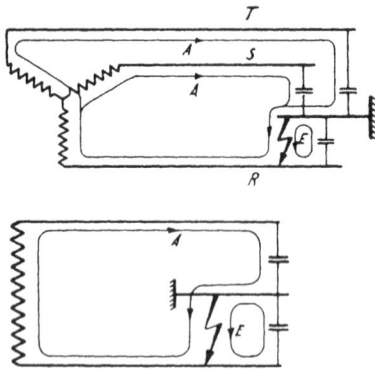

Abb. 17. Darstellung der Stromkreise für den Erdschluß-Einschwingvorgang (drei- und einpolige Darstellung):
A Aufladeschwingungskreis.
E Entladeschwingungskreis.

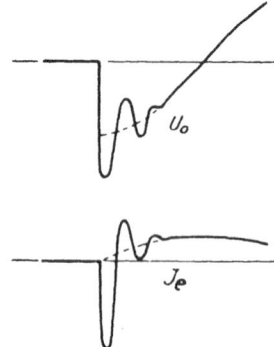

Abb. 18. Schematische Darstellung des Spannungs- und Stromverlaufes im Auflade-schwingungskreis (nach Abb. 17).

Da die Widerstände und Induktivitäten in diesem Kreis im allgemeinen gering sind, erlischt die Entladung meist sehr rasch. Der Entladestromstoß ist dann allerdings entsprechend hoch. Die Aufladung der gesunden Phasen erfolgt über die Stromquellen. In diesem Kreis sind die Induktivitäten (Kurzschlußinduktivitäten der Transformatoren und Generatoren) wesentlich höher, so daß die Aufladeschwingung langsamer abklingt. Ebenso ist die Frequenz wesentlich kleiner als die der Entladeschwingungen. Sie ist aber immer noch ein Vielfaches der Betriebsfrequenz, und infolgedessen sind auch die ersten Stromamplituden um ein Vielfaches höher als die des stationären Erdschlusses. Nur bei Netzen mit sehr großem Erdschlußstrom (sehr große Kabelnetze) und großen Induktivitäten (Kurzschlußdrosseln) im Erdschlußkreis kommen die Frequenzen der Entlade- und Aufladeschwingungen der Betriebsfrequenz nahe.

Da an den Aufladeschwingungen das ganze Netz teilnimmt, erscheinen sie auch auf der Unterspannungsseite bei den Verbrauchern. Sie können deshalb durch Ohmsche Netzbelastungen gedämpft werden, und es kann vorkommen, daß das ganze System — besonders in Netzen großer Leistung — schwingungsunfähig wird, die Aufladung also aperiodisch erfolgt.

Bei diesen Einschwingvorgängen können die Spannungen gegen Erde über die Werte des stationären Erdschlusses hinauspendeln. In Abb. 17 u. 18 ist das Einschwingen der Spannungen schematisch dargestellt. Dabei ist der Übersichtlichkeit wegen die Entladeschwingung vernachlässigt.

b) Ausschwingvorgang.

Beim Abschalten des Erdschlusses erfolgt die Unterbrechung des Lichtbogens, wie immer in Wechselstromkreisen, im Augenblick des Stromnulldurchganges, also in einem Augenblick, in dem die gesunden Phasen positiv oder negativ aufgeladen sind. Nach der Unterbrechung strömt diese Ladung der beiden gesunden Phasen zum Teil auf die vorher erdgeschlossene Phase hinüber, bis sie sich gleichmäßig auf alle drei Phasen verteilt hat. Der Ausgleich erfolgt wieder in Form von abklingenden Sinusschwingungen über die Transformatorenwicklungen. Insgesamt bleibt aber auf dem Netz die Ladung als Gleichstromladung liegen, die sich über die Ableitwiderstände zur Erde ausgleicht. Dem Netz ist also nach der Unterbrechung eine Gleichspannung überlagert, die exponentiell abklingt. Das Abklingen geht verhältnismäßig langsam vor sich. In Kabelnetzen beträgt die Abnahme der Gleichspannung nach der ersten Halbperiode etwa 1 bis 3, in Freileitungsnetzen etwa 2 bis 30% je nach dem Isolationszustand der Anlage (feucht oder trocken). An dem Abführen der Ladung beteiligen sich auch die gegen Erde geschalteten Spannungswandler. Das Einschwingen des Netznullpunktes in die normale Lage zum Erdpotential geschieht also in Form einer exponentiell abklingenden Kurve mit einer überlagerten Sinusschwingung, die durch den Ausgleich der Ladung auf die 3 Phasen bedingt ist.

Hier sei noch darauf hingewiesen, daß die über Spannungswandler aufgenommenen Oszillogramme die abklingende Gleichspannung nicht richtig wiedergeben.

6. Der aussetzende Erdschluß.

Eine besonders häufige Art und zugleich äußerst gefährliche Form des Erdschlusses ist der aussetzende oder intermittierende. Die charakteristische Eigenschaft dieser Fehlerart ist bereits durch ihren Namen gekennzeichnet. Der Erdschlußlichtbogen erlischt und zündet abwechselnd, und zwar bei günstigen Bedingungen Halbperiode für Halbperiode.

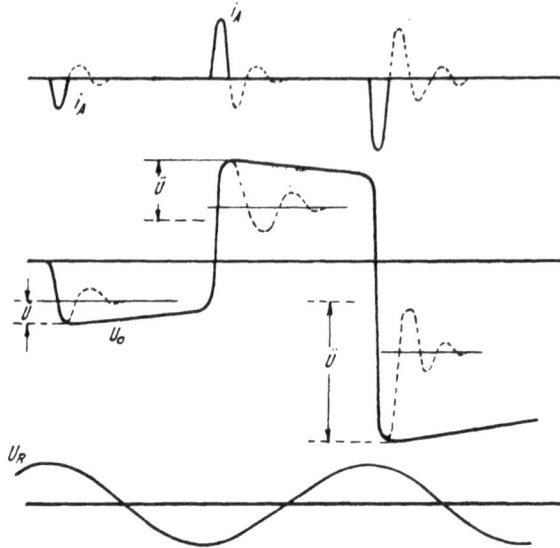

Abb. 19. Schematische Darstellung des Hinaufpendelns der Spannung durch Zündung und Löschung beim aussetzenden Erdschluß:

U_R = Spannung der Phase im erdschlußfreien Betrieb.
U_0 = Spannung des Netznullpunktes gegen Erde.
I_A = Strom über die Erdschlußstelle (Aufladeschwingung).

Bei einem Überschlag zwischen Phase und Erde, z. B. infolge Überspannung, setzen die im Kapitel 5 beschriebenen Einschwingvorgänge ein. Gestatten es die Eigenschaften des Lichtbogens, so erlischt er in dem Augenblick, in dem der zur Erde abfließende Strom, also die Summe des stationären und überlagerten Einschwingstromes, zum erstenmal durch Null geht. In diesem Augenblick ist die dem Netz überlagerte Spannung gegen Erde in ihrem Maximum und ebenso die auf dem Netz liegende Ladung gegen Erde. Erlischt der Lichtbogen, so bleibt die (Gleichspannungs-)Ladung praktisch bis zur nächsten Halbwelle in ihrer vollen Größe auf dem Netz liegen, so daß in der folgenden Halbwelle (ohne Erdschluß) allen Spannungen gegen Erde eine Gleichspannung überlagert ist. Der Scheitelwert der vorher kranken Phase gegen Erde ist in der nächsten Halbwelle um diesen Gleichspannungsbetrag höher. Erfolgt im Spannungsmaximum eine neue Zündung, so ist der

Spannungssprung um diesen Betrag höher, und die schwingende Umlade-
energie wird entsprechend höher. Nach dem erneuten Löschen bleibt
eine Gleichspannungsladung mit entgegengesetztem Vorzeichen, aber
höherem absolutem Wert auf dem Netz liegen (s. Abb. 19). Dieser Vor-
gang des Zündens und Löschens wiederholt sich mit jeder Halbwelle
und schaukelt die Spannungen gegen Erde der kranken sowie gesunden
Phase immer höher.

Der Endwert der Überspannungen wird begrenzt durch die Dämpfung der Schwingungen und dadurch, daß die Wiederzündung nicht
mehr im Scheitel der Spannung, sondern früher erfolgt. Der Augenblick der Wiederzündung, also die Höhe der Wiederzündung, hängt
naturgemäß von der Beschaffenheit der Überschlagsstrecke ab, die
vielen Zufälligkeiten, insbesondere der Luftbewegung, unterworfen ist.

Die Überspannungen gegen Erde können ein Vielfaches der verketteten Spannungen werden. Z. B. kann ein durch seine Eigenwärme
oder durch den Wind abgetriebener Erdschlußlichtbogen infolge An-
wachsens der Zündspannung sich selbst auf immer höhere Spannungen
hinaufarbeiten, bis ein Durchschlag an der schwächsten Stelle einer der
beiden gesunden Phasen erfolgt, wodurch der sog. Doppelerdschluß (s.
Kapitel 10) zustande kommt. Der Lichtbogen kann auch so abge-
trieben werden, daß er in direkte Berührung mit den gesunden Phasen
kommt und so einen Kurzschluß einleitet. Da außerdem die bei dem
jedesmaligen Neuzünden ins Netz geschickten Wanderwellen den Wicklungen der Transformatoren und Maschinen gefährlich werden, stellt diese
Art des Erdschlusses eine große Gefahr für das ganze Netz dar.

7. Der Erdübergangswiderstand.

Beim Übergang des Stromes von dem metallischen Leiter in die
Erde setzt das Erdreich dem Strom einen ziemlichen hohen Widerstand
entgegen, so daß dort erhebliche Spannungen auftreten, die für in der
Nähe befindliche Personen oder Tiere gefährlich werden können. Zur
Verringerung dieser Gefahren verkleinert man in Hochspannungsanlagen
diesen Widerstand durch künstliche »Erder«, d. s. in die Erde eingelas-
sene Metallrohre, -platten oder -bänder, die mit der Erdleitung der Anlage gut leitend verbunden werden.

Der Verband deutscher Elektrotechniker hat für den Widerstand
zwischen einem solchen Erder und dem weiter entfernten Erdboden den
Ausdruck »Erdübergangswiderstand (Ausbreitungswiderstand)« festgelegt (VDE 0140/1932 § 3). Es sei hier darauf aufmerksam gemacht,
daß der Übergang vom blanken Metall des Erders zu dem ihn unmittelbar umgehenden Erdreich an und für sich widerstandslos ist; der Erdübergangswiderstand stellt also den Widerstand des Erdbodens in der

Nähe des Erders dar. Die zulässige Größe dieses Widerstandes ergibt sich aus der zulässigen Spannung (lt. Vorschriftenbuch des VDE max. 125 V) und dem Erdschlußstrom des Netzes.

a) Der Erdübergangswiderstand verschiedener Erderformen.

Abb. 20 zeigt den Spannungsverlauf zwischen zwei Erdern, wenn Strom von einem zu dem anderen Erder fließt. Der Spannungsanstieg ist unmittelbar am Erder am größten; mit zunehmender Entfernung wird der dem Strom zur Verfügung stehende Querschnitt immer größer (quadratisch) und damit der Spannungsanstieg immer kleiner.

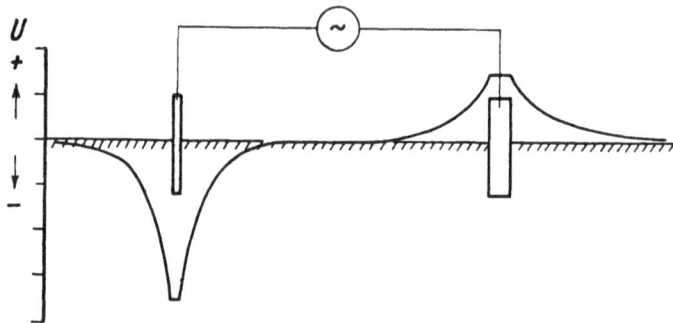

Abb. 20. Spannungsverlauf zwischen zwei stromdurchflossenen Erdern.

Während die Stromausbreitung unmittelbar am Erder von dessen räumlicher Gestaltung abhängt, nähert sie sich in einiger Entfernung der konzentrischen Kugelform.

Allgemein gilt: der Übergangswiderstand eines Erders ist stets proportional dem spezifischen Widerstand des Erdbodens und umgekehrt proportional der linearen Hauptdimension (nicht Querschnitt!) des Erders. Außerdem ist er proportional einem Zahlfaktor, der von der Form des Erders und seiner Tiefe in der Erde abhängt.

Der spezifische Widerstand des Bodens ist stark örtlichen und zeitlichen Schwankungen (Niederschlagsmengen) unterworfen. Feuchtigkeit und Elektrolyte erniedrigen ihn z. B. sehr stark. Im Durchschnitt kann man annehmen für:

Moorboden	0,1	bis	0,5	mal	10^4	$\Omega \cdot cm$
Lehmboden, Ackerboden	0,2	»	3	»	10^4	»
Sandboden feucht . . .	1	»	6	»	10^4	»
Sandboden trocken . . .	5	»	10	»	10^4	»
Kies	2	»	40	»	10^4	»
Steiniger Boden	5	»	80	»	10^4	»
Felsen	10^6	»	10^{12}		$\Omega \cdot cm$	

Zum Vergleich sei angeführt, daß der spezifische Widerstand von Kupfer

$2 \cdot 10^{-6}\,\Omega \cdot$ cm beträgt, also rd. 10^{10} mal kleiner ist als der mittlere Erd-bodenwiderstand.

Die Formeln zur Berechnung des Widerstandes für die wichtigsten Erderformen sind in der nebenstehenden Zahlentafel wiedergegeben. Andere Erderformen wird man meist auf einen dieser angegebenen zurückführen können. Den Übergangswiderstand für Mastfüße z. B. wird

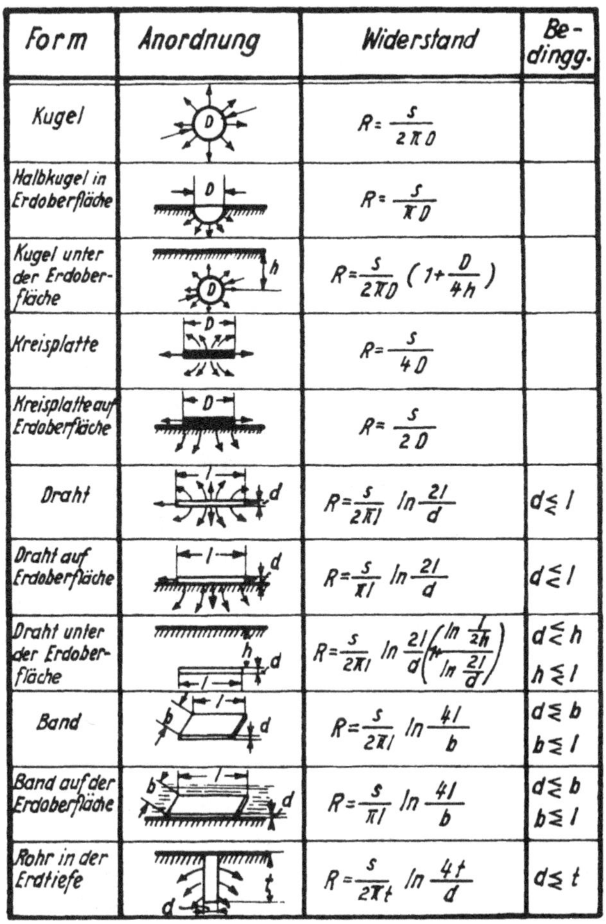

Form	Anordnung	Widerstand	Be-dingg.
Kugel		$R = \dfrac{s}{2\pi D}$	
Halbkugel in Erdoberfläche		$R = \dfrac{s}{\pi D}$	
Kugel unter der Erdoberfläche		$R = \dfrac{s}{2\pi D}\left(1+\dfrac{D}{4h}\right)$	
Kreisplatte		$R = \dfrac{s}{4 D}$	
Kreisplatte auf Erdoberfläche		$R = \dfrac{s}{2 D}$	
Draht		$R = \dfrac{s}{2\pi l}\ln\dfrac{2l}{d}$	$d \lessgtr l$
Draht auf Erdoberfläche		$R = \dfrac{s}{\pi l}\ln\dfrac{2l}{d}$	$d \lessgtr l$
Draht unter der Erdoberfläche		$R = \dfrac{s}{2\pi l}\ln\dfrac{2l}{d}\left(\dfrac{\ln\frac{l}{2h}}{\ln\frac{2l}{d}}\right)$	$d \lessgtr h$ $h \lessgtr l$
Band		$R = \dfrac{s}{2\pi l}\ln\dfrac{4l}{b}$	$d \lessgtr b$ $b \lessgtr l$
Band auf der Erdoberfläche		$R = \dfrac{s}{\pi l}\ln\dfrac{4l}{b}$	$d \lessgtr b$ $b \lessgtr l$
Rohr in der Erdtiefe		$R = \dfrac{s}{2\pi t}\ln\dfrac{4t}{d}$	$d \lessgtr t$

Abb. 21. Formeln zur Berechnung des Übergangswiderstandes der wichtigsten Erderformen.

man nach der Formel für Halbkugeln berechnen. Die Betonfüße ausgedehnter Stahlskelettbauten wird man zusammengefaßt durch eine auf der Erdoberfläche liegende Kreisplatte ersetzen.

Aus den Formeln ersieht man, daß der Ausbreitungswiderstand einer Halbkugel oder einer Platte umgekehrt proportional ihrem Durchmesser ist. Der Übergangswiderstand eines Rohres oder eines Bandes hängt in erster Linie von deren Längenausdehnung ab, während der Durchmesser nur eine untergeordnete Rolle spielt.

Im allgemeinen ist der Rohrerder die günstigste Erderform, da sein Geländebedarf am geringsten ist und da man mit ihm leicht tiefere Erdschichten erreicht, in welchen infolge des Grundwassers die spezifische Leitfähigkeit größer ist.

Wichtig für einen Erder ist auch, daß keine unzulässigen Erwärmungen infolge der Stromeinwirkung an ihm auftreten; denn bei Austrocknung seiner Umgebung würde der Übergangswiderstand rasch ansteigen und sich bald um ihn eine zusammengeschmolzene Kruste bilden, die isolierend wirkt. Erfahrungswerte auf diesem Gebiete liegen nicht vor. Wenn aber der Erdübergangswiderstand den Forderungen der Berührungsspannung genügt, dürften kaum Schwierigkeiten in bezug auf Erwärmung zu erwarten sein.

b) Der Übergangswiderstand eines Mehrfacherders (Freileitungsmasten mit Erdseil).

Um auf einen Übergangswiderstand von 10 Ω (Netz mit 12 A Erdschlußstrom) zu kommen, wird bei einem spezifischen Widerstand des Erdreiches von $10^4 \Omega \cdot$cm der Materialaufwand schon ziemlich groß. Braucht man kleinere Werte, so verwendet man zweckmäßig mehrere parallel geschaltete Erder. Dabei ist aber zu beachten, daß der Leitwert mehrerer paralleler Erder kleiner ist als die Summe der einzelnen Leitwerte, da sich die einzelnen Erder gegenseitig beeinflussen. Die Beeinflussung ist naturgemäß um so stärker, je näher die Erder zusammen liegen. Zweckmäßig wird man den Abstand nicht kleiner wählen als die Längenausdehnung des Erders bzw. die Rohrlänge bei Rohrerdern.

Einen Mehrfacherder stellen auch Freileitungsmaste dar, die durch das aufliegende Erdseil metallisch miteinander verbunden sind. Bei Erdschluß an einem solchen Mast fließt nur ein Teilstrom über den betroffenen Mast, der Rest strömt nach beiden Seiten über das Erdseil und die Nachbarmaste zur Erde ab. Die Stromaufteilung auf die einzelnen Maste hängt von dem Verhältnis des Mastübergangswiderstandes R zu dem Widerstand der Seilstrecke zwischen zwei Masten r ab. Ist I_e der gesamte Erdschlußstrom, so wird der Strom über den Fehlermast

$$I_m = \frac{I_e}{\sqrt{1 + 4\dfrac{R}{r}}}$$

und der Übergangswiderstand des gesamten Systems:

$$R_a =: \frac{R}{\sqrt{1 + 4\dfrac{R}{r}}}.$$

Ist beispielsweise der Übergangswiderstand eines Mastes 10 Ω und der Erdseilwiderstand zwischen zwei Masten 1,6 Ω, so wird der Übergangswiderstand des Systems:

$$R_a = \frac{10}{\sqrt{1 + 4\dfrac{10}{1,6}}} \cong 2\ \Omega$$

und der Stromanteil des Fehlermastes rd. 20% des gesamten Erdschlußstromes.

Sind die Erdseile am Ende gut leitend mit der Stationserde verbunden, so kann diese dadurch wesentlich verbessert werden.

c) Allgemeine Richtlinien für die Verlegung der Erder.

Allgemein ist zu beachten, daß der Erder in frostfreiem Boden liegen muß, wenn er das ganze Jahr brauchbar sein soll, und daß der Widerstand stark ansteigen kann, wenn der Grundwasserspiegel zurückgeht. Teer, Farbenanstriche oder Fett auf der Metalloberfläche isolieren, sie müssen also entfernt werden. Rost verschlechtert den Übergangswiderstand nicht, aber die Metalle müssen so stark sein, daß sie nicht in kurzer Zeit vollständig durch den Rost zerfressen werden.

Bei der Verlegung der Erder ist weiter darauf zu achten, daß sie einzuschlemmen bzw. fest in den Boden zu treiben sind, damit die Berührung zwischen Metall und Erde möglichst innig wird. Dazu gehört, daß das Erdreich in nächster Umgebung des Erders möglichst feinkörnig ist und dem Erder mit merklichem Druck anliegt.

d) Messen des Erdübergangswiderstandes.

Da die Berechnung eines Erders nur einen Anhaltspunkt für die Größe seines Übergangswiderstandes geben kann, ist es in allen Fällen notwendig, den Widerstand nachzumessen. Da außerdem der Widerstand nicht konstant bleibt, sondern sich mit den Niederschlagsmengen ändert, sind auch laufende Messungen im Betrieb unerläßlich. Große Genauigkeiten sind dabei nicht erforderlich. Erschwert wird aber die Messung dadurch, daß der Übergangswiderstand nicht so einfach zu erfassen ist, wie der eines anderen Leiters, weil er sich zwischen zwei Erdungspunkten nicht gleichmäßig verteilt, sondern entsprechend dem Spannungsverlauf nach Abb. 20 ansteigt.

Die einfachste Messung erhält man, wenn ein zweiter Erder vorhanden ist, dessen Übergangswiderstand so klein ist, daß er gegenüber dem zu messenden vernachlässigt werden kann (z. B. Wasserleitung). Wo dies nicht der Fall ist, muß man einen Hilfserder und eine Sonde verwenden. Man schickt dann Strom vom Hilfserder zu dem Haupterder und greift zwischen Haupterder und Sonde die Spannung ab.

Der Quotient aus Spannung und Strom ergibt den gesuchten Übergangs-widerstand (Abb. 24).

Die Schwierigkeit der Messung liegt nun darin, Haupterder, Hilfs-erder und Sonde soweit auseinanderzulegen, daß sie sich nicht gegen-seitig stören. Liegt die Sonde zu nahe am Haupterder, so ist der Meß-wert zu klein; liegt sie zu nahe am Hilfserder, ist er zu groß. Für Erder geringerer Ausdehnung genügen im allgemeinen je 20 m Entfernung. Für größere Flächenerder müssen die Abstände weiter gewählt werden.

Ist D die größte Diagonale des Erders und l die Entfernung Erder-mitte-Sonde, so wird der Fehler in Prozenten angenähert:

$$f = \frac{D}{2\,l} \cdot 100\,\%.$$

Soll der Fehler nicht größer als 10% sein, dann wird der Mindest-abstand Erdermitte-Sonde

$$l = \frac{D}{2\,f} \cdot 100 = \frac{D\,100}{2\cdot 10} = 5 \cdot D,$$

also 5 mal so groß als der größte Erderdurchmesser.

Die Entfernung Haupterder-Hilfserder muß dann etwa das Dop-pelte betragen. Können die Entfernungen nicht genügend groß ge-macht werden, so empfiehlt es sich, den Spannungstrichter durch Wan-dern mit der Sonde auf der Geraden Haupterder-Hilfserder aufzuneh-men, wodurch man feststellt, ob man sich im flachen Teil der Wider-standskurve befindet (Abb. 20).

Wie bei allen Widerstandsmessungen kann auch hier sowohl mit Brückenmethoden als auch mit Strom und Spannung gemessen werden.

Um Polarisationserscheinungen und den Einfluß von Irrströmen auszuschalten, verwendet man zweckmäßig Wechselstrom, und zwar nach Möglichkeit mit einer Frequenz, die von der Netzfrequenz ab-weicht.

Zu beachten ist außerdem der Übergangswiderstand der Sonde, der, wenn er zu hohe Werte annimmt, die Empfindlichkeit der Messung herabsetzt (Brückenmessung) oder die Messung fälscht (Strom-Span-nungsmessung). Zur Bestimmung des Sonden- und Hilfserderwider-standes vertauscht man diese jeweils in der Meßanordnung mit dem zu messenden Erder.

Bei den meisten üblichen Meßmethoden werden Brückenschaltungen verwendet, bei denen auf Stromlosigkeit eines Indikators abgeglichen wird. Die bekanntesten sind: Die Nippolt-Brücke (Hartmann & Braun), die Wiechert-Brücke, die Christensen-Brücke und die Behrend-Kompen-sationsschaltung, die alle ein Telefon als Nullindikator verwenden.

Die Behrend-Albrecht-Schaltung, ausgeführt von S u. H, verwen-det dafür ein Elektrodynamometer, was wesentlich angenehmer ist, da das Telefon infolge Kapazitätswirkung der Erde nicht auf Null, sondern nur auf ein Tonminimum gebracht werden kann. Die Abb. 22 zeigt die Ausführung eines solchen Erdungsmessers für Meßbereiche 25 und 250 Ω und seine Schaltung. Als Energiequelle wird ein Kurbelinduktor verwendet, der 35 periodigen Wechselstrom liefert.

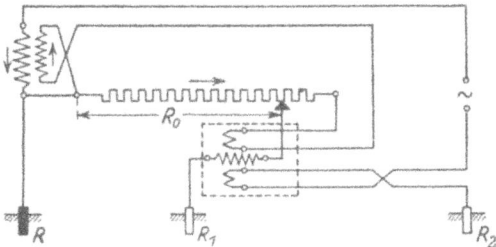

Abb. 22. Erdungsmesser von S & H

Evershed und Vignoles stellt Erdungsmesser her (Meg und Megger), bei denen der Widerstandsbetrag direkt abgelesen werden kann. Schaltung und Ansicht zeigt Abb. 23. Ein Induktor liefert Gleichstrom, der von einem Stromwender zerhackt wird, so daß über die Erde Wechselstrom fließt, während dem Ohmmeter der Gleichstrom

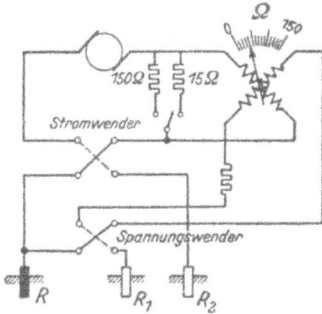

Abb. 23. Erdungsmesser von Evershed und Vignoles.

des Induktors sowie die durch einen Spannungswender (mit Stromwender gekuppelt) gleichgerichtete Spannung Sonde-Erde zugeführt wird. Eine logarithmische Unterteilung der Skala gestattet auch für die kleinen Werte hinreichend genaue Ablesung.

Für sehr kleine Übergangswiderstände (unter 1 Ω) wendet man zweckmäßig die Stromspannungsmethode nach der in Abb. 24 angegebenen Schaltung an. Die Spannung wird mittels Wattmeter ermittelt.

Das hat den Vorteil, daß betriebsmäßig über die Erder fließende Irrströme nur dann auf die Messung einen merklichen Einfluß haben, wenn sie gleiche Frequenz haben wie die zum Messen benutzte. Der Einfluß dieser Frequenz kann dann noch durch Umpolen des Stromes ausgeschieden werden. Ist $\alpha =$ Ausschlag, $C =$ die Konstante des

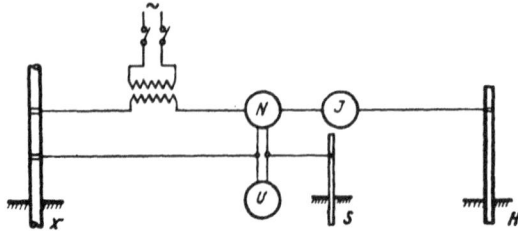

Abb. 24. Messen des Übergangswiderstandes mit Strom- und Spannungs- bzw. Leistungsmesser.

Wattmeters, I der aufgedrückte Strom, $R_e =$ Widerstand des Wattmeterspannungspfades und $R_s =$ der Widerstand der Sonde, so wird:

$$R_x = \frac{\alpha \cdot C}{I^2} \cdot \frac{R_e + R_s}{R_s}.$$

Der Einfluß des Sondenwiderstandes R_s kann vernachlässigt werden, solange er wesentlich kleiner ist als der Widerstand des Spannungspfades im Wattmeter (R_e).

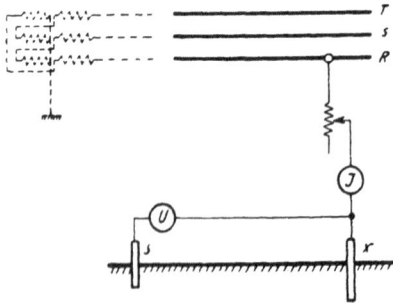

Abb. 25. Messen des Erdübergangswiderstandes mit direkter Stromentnahme aus einem geerdeten Niederspannungsweg: $X =$ der zu messende Erder, $S =$ Sonde.

Die Ausschläge bei Verwendung normaler Wattmeter sind zwar sehr klein, da man aber Übergangswiderstände unter 0,5 Ω im allgemeinen nur angenähert bestimmen kann, ist das bedeutungslos. Der Einfluß von magnetischen Streufeldern auf die Instrumentenangabe kann durch Kurzschließen des Stromkreises ohne Erder und Hilfserder bestimmt werden. An Stellen, an denen keine Irrströme zu befürchten sind, genügt auch eine Messung mit Volt- und Amperemeter.

Steht die Spannung eines geerdeten Niederspannungsnetzes zur Verfügung, so kann die Messung auch nach Abb. 25 ausgeführt werden; Voraussetzung ist jedoch, daß die nächste Betriebserde des Netzes genügend weit entfernt und keine Irrstrombeeinflussung zu erwarten ist.

8. Spannungen an geerdeten Punkten.

a) Berührungs- und Schrittspannung.

Unter Berührungsspannung versteht man die im Störungsfall zwischen zwei geerdeten Punkten (Anlagenerde und absolute Erde) auftretende Spannung, soweit sie von einem Menschen überbrückt werden kann. Da die Widerstände der Erdungsleitung, d. i. die Verbindung von den einzelnen Anlageteilen bis zum Erder, im allgemeinen klein sind gegenüber dem Erdübergangswiderstand, bestimmen letztere zusammen mit dem Erdschlußstrom die Berührungsspannung. Die Vorschriften des VDE geben als höchst zulässigen Spannungswert bei günstigen Verhältnissen 125 V an.

Für ein Netz mit 10 A Erdschlußstrom ergibt sich also die obere Grenze des Übergangswiderstandes zu 12,5 Ω, für ein Netz mit 100 A Erdschlußstrom zu 1,25 Ω.

Mit Rücksicht auf den Strom bei Doppelerdschluß (s. Kapitel 10), der meist ein Vielfaches des Erdschlußstromes (in großen Netzen mehrere 1000 A) ist, wird man den Übergangswiderstand noch kleiner halten. Wenn es auch meist nicht möglich ist, die Berührungsspannung auch bei Doppelerdschluß in ungefährlichen Grenzen zu halten, so werden sie doch dem kleineren Wert des Widerstandes entsprechend geringer.

In Kabelnetzen fließt nur ein geringer Teil des Erdschlußstromes (rd. 5%) in der Erde, der Hauptanteil fließt in den Bleimänteln (siehe Kapitel 9). Die Erde wird hier durch die Bleimäntel ersetzt, und die Erder sind entlastet. Die Berührungsspannung wird dadurch entsprechend kleiner.

Bei Erdschluß in einer Station mit Freileitungs- und Kabelabgängen fließt soviel über die Erder, wie die Freileitungen Erdschlußstrom zuführen; der von dem Kabel zugeführte Strom fließt fast in voller Höhe durch deren Bleimäntel ab.

In der Nähe eines stromdurchflossenen Erders weist der Erdboden Spannungsunterschiede auf (s. Abb. 20), die einem dort laufenden Lebewesen gefährlich werden können. Man bezeichnet die Spannung, die ein Lebewesen beim Schreiten in der Nähe eines stromdurchflossenen Erders durch seine Füße überbrückt, als »Schrittspannung«. Diese ist in der unmittelbaren Nähe des Erders stets am größten. Da die Schrittspannung immer nur ein Teil der Berührungsspannung ist, ist sie auch weniger gefährlich als diese. Hinzu kommt, daß der Gesamtwiderstand der Körperstrombahn infolge der Fußbekleidung und der Übergangswiderstände des Erdbodens unter den Füßen größer ist, so daß der Strom durch den Körper wesentlich heruntergesetzt wird. Außerdem ist der über das Herz fließende Anteil des Gesamtkörperstromes geringer als bei einer Spannungsüberbrückung Hand-Fuß oder Hand-Hand.

b) Spannungen bei Blitzeinschlägen.

Die in den letzten Jahren durchgeführten Untersuchungen zur Erforschung der Vorgänge bei Blitzeinschlägen in Freileitungen haben ergeben, daß die Blitzstromstärken zwischen 20 und 100 kA liegen. Schlägt der Blitz in das Erdseil oder in einen Mast der Leitung ein, dann erzeugt der über die Masten zur Erde abfließende Blitzstrom an dem Erdübergangswiderstand, also zwischen Mast und Erde, eine hohe Spannung. Übersteigt diese Spannung die Stoßüberschlagsspannung der Isolatoren, dann erfolgt ein Überschlag von Mast zur Leitung (rückwärtiger Überschlag).

Da die Mastspannung proportional dem Erdübergangswiderstand ist, sind an den Masten mit hohem Übergangswiderstand auch die höchsten Spannungen zu erwarten. Statistische Erhebungen, die daraufhin in einigen Netzen angestellt wurden, haben auch gezeigt, daß im allgemeinen nur die Maste mit hohem Erdübergangswiderstand die meisten Gewitterüberschläge aufwiesen, während an Masten mit sehr geringem Übergangswiderstand nur vereinzelt Überschläge zu finden waren.

Für die Bestimmung des zulässigen Übergangswiderstandes an Masten ist deshalb nicht nur die Berührungsspannung bei Erdschluß, sondern auch die Spannung bei Blitzeinschlägen maßgebend.

Unter Zugrundelegung der üblichen Stoßüberschlagsspannungen und einer Blitzstromstärke von 60 kA, die nur selten überschritten wird, wird der zulässige Mast-Erdübergangswiderstand für:

$$
\begin{array}{llll}
30 \text{ kV Betriebsspannung rd.} & 5 \text{ bis } 7\ \Omega, \\
50 \quad \text{»} & \text{»} & \text{» } 8 \text{ » } 10\ \Omega, \\
60 \quad \text{»} & \text{»} & \text{» } 10 \text{ » } 12\ \Omega, \\
100 \quad \text{»} & \text{»} & \text{» } 13 \text{ » } 17\ \Omega.
\end{array}
$$

9. Widerstand der Erdrückleitung.

Die im Kapitel 8 angestellten Überlegungen gelten nur für die nähere Umgebung der Stromeintritts- und -austrittsstelle aus der Erde. Im folgenden sollen die Widerstandsverhältnisse betrachtet werden, die der Erdstrom vorfindet, wenn er weite Strecken zwischen Ein- und Austrittspunkt im Erdreich zurückzulegen hat.

Gleichstrom verläuft in der Erde wie Abb. 26 zeigt; er breitet sich aus wie die elektrostatischen Feldlinien zwischen zwei parallelen Leitern. Da dem Strom in größerer Entfernung vom Endpunkt ein praktisch unendlich großer Querschnitt zur Verfügung steht, ist der Widerstand dort Null. Das bedeutet, daß der Gesamtwider-

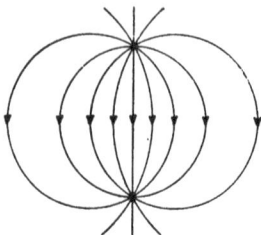

Abb. 26. Stromverlauf im Erdboden bei Gleichstrom.

stand zwischen den beiden Endpunkten, wenn sie nicht unmittelbar nebeneinander liegen, sich nur aus den beiden Übergangswiderständen von Ein- und Austrittsstelle des Stromes zusammensetzt, unabhängig davon, wie weit diese Punkte auseinander sind.

Bei Wechselstrom liegen die Verhältnisse dagegen wesentlich anders. Hier macht sich das elektrodynamische Zusammenwirken zwischen dem Strom in der Hin- und Rückleitung bemerkbar. Der Strom im Draht (Hinleitung) wirkt auf die Stromfäden im Erdboden zusammenziehend (entgegengesetzte Wirkung wie beim Skin-Effekt). Der Strom im Erdboden breitet sich deshalb nicht aus wie Gleichstrom, sondern läuft gebündelt in verhältnismäßig geringer Entfernung längs der Hinleitung. Er nimmt nicht den kürzesten Weg zwischen den beiden Erdungspunkten, sondern folgt immer dem Leitungszuge, auch wenn dieser Umwege macht. In einiger Entfernung von den Endpunkten bleibt die Stromdichte im Erdboden längs der Leitung konstant. Der Widerstand wird infolge des gleichbleibenden Querschnittes in diesem Bereich, ebenso wie bei einer normalen Drahtleitung, proportional der Leitungslänge. Im allgemeinen kann man annehmen, daß die obere Erdschicht (einige hundert Meter tief) eine gegen die tieferen Schichten so hohe Leitfähigkeit besitzt, daß der Strom hauptsächlich nur in der oberen Schicht verläuft.

Abb. 27 gibt den Stromverlauf im Erdreich unter einer Freileitung wieder. Die in der Abbildung mit einbezeichneten Stromfäden stellen die eigentliche Rückleitung des Stromes (Wirkkomponente) dar. Sie eilen also um 180° dem Strom im Draht nach. Außerdem werden aber durch die um den Draht laufenden magnetischen Kraftlinien Wirbelströme im Erdboden erzeugt, welche gegen den Strom im Draht um 90° nacheilen (i_B).

Die Wirkkomponente des Erdstromes ist unter der Leitung am größten und fällt nach beiden Seiten nach einer Exponentialfunktion ab. Bei einer Frequenz von 50 Hz und einem mittleren spezifischen Erdwiderstand von $10^4 \, \Omega \cdot cm$ fließen in einer Bandbreite von 4 km zu beiden Seiten der Leitung rd. 95% des gesamten Stromes (s. Abb. 28). Der Blindstrom fällt rascher ab und wechselt bei ungefähr 1,3 km seine Richtung. Unter der Leitung eilt er um 90° dem Drahtstrom nach, während er außerhalb der 1,3-km-Zone um 90° voreilt. Für höhere

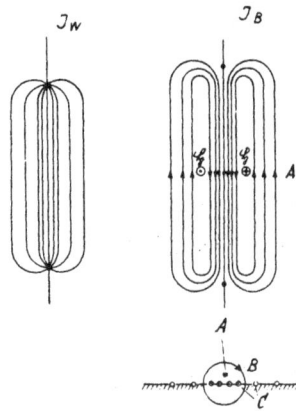

Abb. 27. Stromverlauf im Erdboden bei Wechselstrom:

I_W = Wirkstrom (180° gegen den Strom im Draht phasenverschoben).

I_B = Blindstrom (90° gegen den Strom im Draht phasenverschoben).

A = Draht der Leitung.
B = Magnetische Feldlinien.
C = Stromfäden im Erdboden.

Frequenzen als 50 Hz geht die Ausdehnung umgekehrt proportional mit der Frequenz zurück.

Die gesamte Impedanz der Schleife, Draht-Erde, beträgt o h n e O h m s c h e n D r a h t w i d e r s t a n d u n d o h n e E r d ü b e r g a n g s w i d e r - s t a n d

$$\text{rd. } 0,1\ \Omega + \text{j } 0,79\ \Omega/\text{km für } f = 50\ \text{Per/s}^1).$$

Diesen Werten liegt eine Leitfähigkeit des Bodens von 10^4 Siemens/cm,

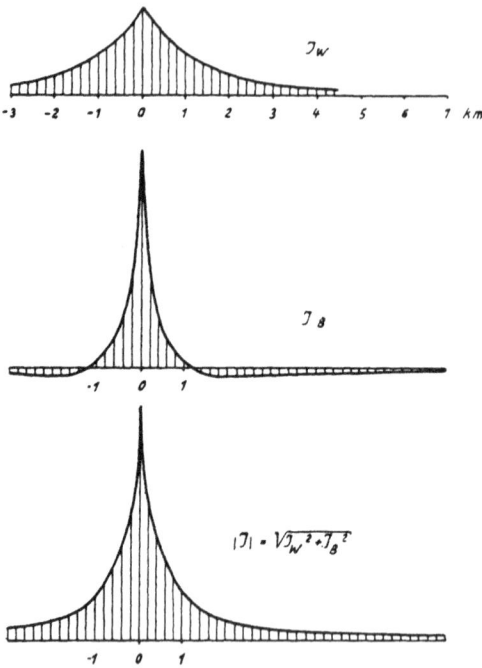

eine Tiefe der leitenden Erdschicht von 300 m und ein Durchmesser des Leitungsdrahtes von 10 mm zugrunde. Der Ohmsche Anteil an der Impedanz ist unabhängig von diesen Werten. Der induktive Anteil wird zwar etwas von ihnen beeinflußt. Jedoch sind die Wertänderungen im allgemeinen so gering, daß die obigen Werte für den praktischen Gebrauch ausreichen. Ist eine Freileitung mit Erdseil ausgerüstet, so bildet dieses einen Parallelwiderstand zur Erde. Der Widerstand des Seiles ist aber im allgemeinen so hoch — für Stahlseil $q =$ 50 mm²; $f = 50$ Per/s; $\mu =$ 1000; $R = 6,5\ \Omega/\text{km}$ —, daß die Erde nicht merklich entlastet wird. Man kann also den Einfluß des Seiles ohne weiteres vernachlässigen und

Abb. 28. Stromverteilung im Erdboden senkrecht zur Leitungsrichtung bei einer Frequenz von 50 Hz.
$$I = \sqrt{I_w{}^2 + I_n{}^2} = \text{Gesamtstrom.}$$

annehmen, daß nur in der Nähe der Erdschlußstelle ein erheblicher Seilstrom fließt. Dieser verteilt sich nach dem im Kapitel 7 beschriebenen Gesetz auf die der Fehlerstelle benachbarten Masten.

Ganz anders liegen die Verhältnisse in Kabelnetzen. Der Bleimantel der Kabel hat einen gegenüber dem Erdboden geringen Widerstand. Allein auf Grund des Widerstandsverhältnisses Bleimantel-Erdboden würde der Bleimantel einen großen Anteil des gesamten Erdschlußstromes führen. Nun kommt aber hinzu, daß die Kupferadern gemeinsam mit dem Bleimantel von dem Eisenmantel des Kabels umschlossen sind. Fließt in den Kupferadern ein Erdschlußstrom, so er

───────────

¹) Otto M a y r, ETZ 1925, S. 1352.

zeugt dieser in dem Eisenmantel einen magnetischen Kraftfluß, der in dem Bleimantel einen Strom von der gleichen Größe, aber in der entgegengesetzten Richtung wie in den Kupferadern, hervorruft (Induktionsgesetz); das bedeutet in diesem Fall, daß praktisch der gesamte Erdschlußstrom vom Erdreich weg in den Bleimantel hineingesaugt wird. In einem Kabelnetz fließen deswegen auch im Erdschlußfall praktisch keine Ströme zur Erde. Hier wird die »Erde« durch die Bleimäntel ersetzt. Es ist deshalb in Kabelnetzen noch wichtiger, die Bleimäntel der Kabel überall gut durch- und außerdem gut untereinander zu verbinden, als kleine Erdübergangswiderstände zu schaffen. Die Verbindungsleitungen und Kabelverbindungsstellen müssen für den zu erwartenden Doppelerdschlußstrom ausgelegt sein (s. Kapitel 10).

Die Impedanz der Hin- und Rückleitung für den Erdschlußstrom (Nullimpedanz des Kabels) ergibt sich zu

$$Z_n = R_{Cu} + R_B + j \cdot w \, L_{Cu\,B}$$

wenn

R_{Cu} der Ohmsche Widerstand der Kupferader,

R_B » » » des Bleimantels

und $L_{Cu\,B}$ die Induktivität zwischen beiden ist.

Für den über die Fehlerstelle ins Kabel fließenden Nullstrom ist der Widerstand einer Phase, für den kapazitiven Verschiebestrom bzw. Spulenstrom in kompensierten Netzen (Kapitel 11—13) der Widerstand der drei parallelen Phasen einzusetzen.

Für 30 kV-Kabel wurden Nullimpedanzen für eine Frequenz von 50 Hz und 1 km Länge gemessen zu:

Kabelart und Querschnitt	Normale Phasen-Impedanz in Ω	Nullimpedanz in Ω bei Nullstrom in	
		einer Ader	in allen 3 Adern
Normal 3 × 95 mm²	$0,19 + j\,0,11 = 0,383$	$0,47 + j\,0,18 = 0,50$	$0,30 + j\,0,14 = 0,33$
Höchstätt. 3 × 95 mm²	$0,19 + j\,0,11 = 0,383$	$0,41 + j\,0,20 = 0,45$	$0,29 + j\,0,12 = 0,31$
Dreibleimantel 3 × 70²	$0,26 + j\,0,12 = 2,87$	$0,46 + j\,0,23 = 0,51$	$0,31 + j\,0,11 = 0,33$

Man könnte nun auf den Gedanken kommen, daß längs der Erdrückleitung ein Spannungsabfall, bedingt durch die Impedanz der Erdrückleitung und dem in der Erde fließenden Strom, auftritt, daß sich also das Potential der Erde längs der Leitung, unter welcher der Erdstrom fließt, ändert. Bei Doppelerdschlüssen würden sich auf diese Weise infolge des großen Erdstromes (s. Kapitel 10) ziemlich hohe Potentialunterschiede (rund bis zur halben verketteten Netzspannung) zwi-

schen den Stromeintrittsstellen in die Erde ergeben. Dies trifft natürlich nicht zu. Die Erde hat vielmehr, wenn man von der unmittelbaren
Umgebung der Erdungspunkte (Erdübergangswiderstand) absieht, überall das gleiche Potential. Das Zusammenziehen der Stromfäden unter
der Leitung bzw. im Kabelmantel ist bedingt durch die Induktionswirkung des Stromes in der Drahthinleitung. Der Strom in der Drahthinleitung induziert in der Erde eine EMK. Diese EMK bewirkt ein
Zusammenziehen der Stromfäden unter der Leitung bzw. im Kabelmantel.
Der diesem Strom zugeordnete Spannungsabfall stellt gegenüber der
induzierten EMK nur den Gleichgewichtszustand wieder her. Genau
so wie in der kurzgeschlossenen stromdurchflossenen Wicklung eines
Transformators oder Stromwandlers keine meßbaren Spannungen erscheinen, treten auch längs der Erdrückleitung keine Potentialunterschiede auf.

Der Widerstand der Erdrückleitung wird transformatorisch auf die
Drahthinleitung übertragen und erscheint dort als zusätzlicher Widerstand, so daß der Spannungsabfall der gesamten Stromschleife Draht-
Erde als meßbarer Spannungsabfall nur auf dem Draht in Erscheinung tritt.

10. Der Doppelerdschluß.

Die unangenehmste und gefürchtetste Folge eines Erdschlusses ist
der Doppelerdschluß. Er entsteht durch die während des Erdschlusses
erhöhten Spannungen in den gesunden Phasen. Besitzt eine der gesunden Phasen eine schwache Stelle an irgendeinem Netzpunkt, die der
erhöhten Spannung nicht mehr standhält, so erfolgt dort ebenfalls ein
Überschlag gegen Erde, und es sind zwei Phasen geerdet (Doppelerdschluß) und über Erde kurzgeschlossen. Da die Fehlerstellen der
zwei Phasen örtlich nicht zusammenliegen, muß der Kurzschlußstrom
eine mehr oder weniger weite Strecke über Erde zurücklegen. Dabei
fließt der Strom, wie in Kapitel 9 bereits näher ausgeführt, nicht gerad-
linig von einem zum anderen Erdschlußpunkt, sondern bleibt immer
unterhalb, bei einer seitlichen Ausdehnung von rd. 2×4 km, der Leitung, deren Phasen den Unsymmetriestrom führen. In Kabelnetzen
fließt praktisch der ganze Erdstrom in den Bleimänteln. Die Verteilung
des Erdstromes auf die einzelnen Bleimäntel ist so, daß die Summe
aller in einem Kabel fließenden Ströme einschließlich Bleimantelstrom
praktisch Null ist. Das bedeutet, daß der Bleimantelstrom jeweils gleich
groß ist den Nullströmen, die in den zugehörigen Kabeladern fließen.

Abb. 29, das der besseren Übersicht wegen nur zweipolig gezeichnet
ist, zeigt den Verlauf des Kurzschlußstromes für einen Doppelerdschlußfall. Die Abb. 30, 31 und 32 geben den Stromverlauf einiger
Netzgebilde schematisch wieder. Man sieht daraus, daß auch die gesunde Phase sich an der Kurzschlußstromführung beteiligen kann, näm-

lich dann, wenn die fehlerhafte Leitung von zwei Seiten gespeist wird und die Fehler elektrisch nicht symmetrisch zu den beiden Stromquellen liegen (Abb. 30).

Um den Stromverlauf für komplizierte Netzgebilde zu bestimmen, ist es zweckmäßig, in der Erde zwischen den beiden Fehlerstellen die

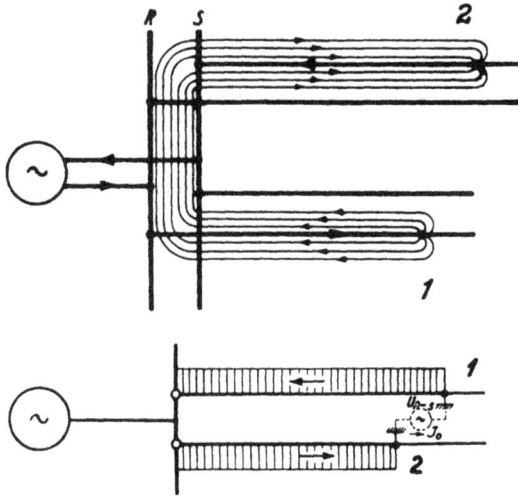

Abb. 29. Stromverlauf bei Doppelerdschluß:
oben: In den kranken Phasen und Erde, zweipolige Darstellung.
unten: Nullstromverteilung, einpolige Darstellung.

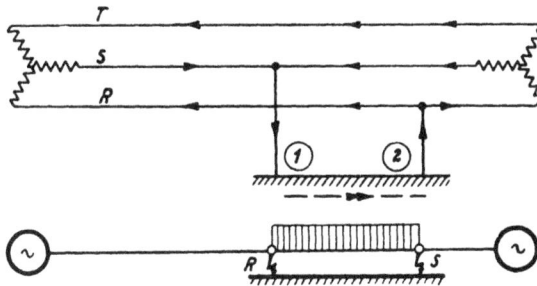

Abb. 30. Stromverlauf bei Doppelerdschluß auf einer von
zwei Seiten gespeisten Leitung in den drei Phasen.
Nullstromverteilung (einpolige Darstellung).

treibende EMK anzunehmen, die gleich groß, aber entgegengesetzt gerichtet ist der Spannung, die vor dem Eintreten des Fehlers zwischen den Fehlerstellen herrscht (verkettete Spannung).

Diese Spannung treibt dann den Kurzschlußstrom durch das Netzgebilde. Die Stromverteilung ist durch die Leitungswiderstände bedingt.

Es ist leicht einzusehen, daß alle Leitungsstrecken, die elektrisch zwischen den zwei Fehlerstellen liegen, Nullstrom führen (Abb. 31 und 32). Liegen die Fehlerstellen zwischen 2 Stromquellen, dann führt, wie Abb. 30 zeigt, auch die gesunde Phase Kurzschlußstrom (Nullstrom).

Die Berechnung des Kurzschlußstromes erfolgt genau wie beim zweipoligen Kurzschluß; es darf aber für die Strecken, die der Strom als Nullstrom durchfließt, nicht die Phasenimpedanz eingesetzt, vielmehr muß die in Kapitel 9 angegebene Impedanz der Schleife Leitung-Erde für die Berechnung verwendet werden. Außerdem ist auch der manchmal erhebliche Erdübergangswiderstand (Kapitel 8) an den beiden Fehlerstellen zu berücksichtigen.

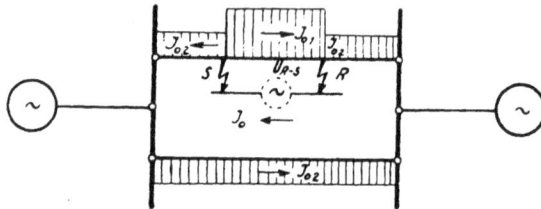

Abb. 31. Nullstromverteilung bei Doppelerdschluß auf einer Doppelleitung, wenn die Fehler in der gleichen Leitung liegen.

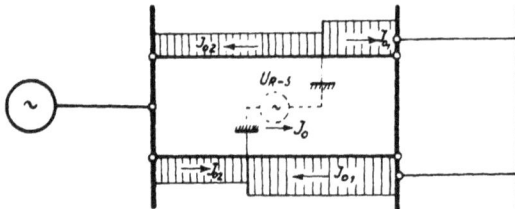

Abb. 32. Nullstromverteilung bei Doppelerdschluß auf einer Doppelleitung mit Fehler auf beiden Leitungen.

Für die Aufstellung des Spannungsdiagramms sind folgende Punkte zu beachten: Die Erdungspunkte der beiden Phasen sind immer potentialgleich. Von da bauen sich die Spannungen der beiden kranken Phasen entsprechend den Übergangswiderständen, den Schleifenwiderständen Phase-Erde (bis zum Verzweigungspunkt) und den Phasenwiderständen (vom Verzweigungspunkt bis zur Stromquelle) nach den Endpunkten des Dreiecks auf. Für die vom Nullstrom durchflossenen Leitungsstrecken ist noch zu berücksichtigen, daß durch die Induktionswirkung der Stromschleife Draht-Erde in den nicht stromdurchflossenen Leitern die Spannung erhöht wird. Die Spannungserhöhung beträgt etwa 60%[1]) des Spannungsabfalls, den der Kurzschlußstrom auf der gleichen Strecke erzeugt (s. Abb. 33).

[1]) J. Biermanns, Überströme in Hochspannungsanlagen, Verlag Springer, Berlin 1926.

Die Erdschlußspannung wird durch den Vektor zwischen dem Erd-
potentialpunkt und Sternpunkt des Systems (Schwerpunkt des Dreiecks) wiedergegeben. Es kann also hier die Erdschlußspannung nicht
mehr einer Phase wie beim normalen Erdschluß zudiktiert werden. Es
sieht vielmehr so aus, als ob das Netz über einen Spannungsteiler, der
zwischen den beiden fehlerhaften Phasen liegt, geerdet wäre. Die Erdschlußspannung ist auch nicht, wie bei normalem Erdschluß, über das
ganze Netz praktisch konstant, denn der Nullstrom bewirkt in allen
drei Phasen eine Spannungsverschiebung in der gleichen Richtung, entweder weil alle drei Phasen Nullstrom führen oder weil der Spannungsabfall einer Phase, wenn nur diese Phase Nullstrom führt, in der glei-

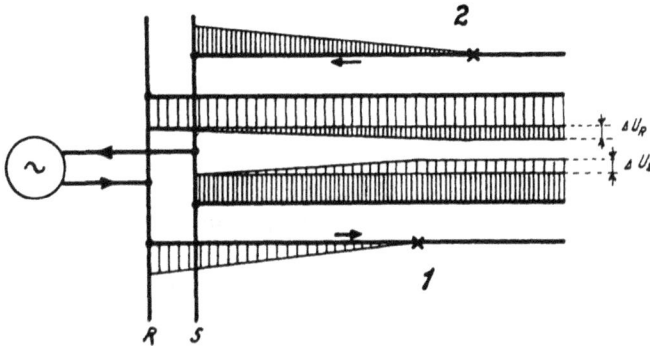

Abb. 33. Spannungen längs der Leitung bei Doppelerdschluß (zweipolige
Darstellung) $\mathit{\Delta U_R}$ und $\mathit{\Delta U_N}$ sind die durch den Kurzschluß-(Null-)strom
induzierten Spannungen.

chen Richtung liegt wie die Spannungserhöhung der nicht stromdurchflossenen Leiter. Bei Verschiebung aller drei Phasenpotentiale in der
gleichen Richtung wird der Systemnullpunkt in dieser Richtung gegen
das Erdpotential verschoben. Es verändert sich also die Erdschlußspannung längs der vom Nullstrom durchflossenen Strecken. Dagegen
ist die Erdschlußspannung längs allen Strecken konstant, in denen der
Kurzschlußstrom nicht als Nullstrom oder überhaupt kein Kurzschlußstrom fließt. Die Größe der Erdschlußspannung des Netzes ist von
den Impedanzen der beiden Schleifenwiderstände Verzweigungspunkt-
Fehlerstelle bedingt. Sie wird, wenn die Impedanzen der beiden Strecken
gleich groß sind, gleich der halben Phasenspannung, wenn eine Impedanz Null wird, gleich der Spannung der kranken Phase am Verzweigungspunkt. Haben die beiden Impedanzen verschiedenen Widerstandscharakter (Impedanzwinkel), dann ist die Potentiallinie R-E-S in der
Abb. 34 keine Gerade mehr, sondern eine gebrochene Linie, und die
Erdschlußspannung kann beliebige Werte annehmen, die sogar über der
Phasenspannung liegen können. In den praktischen Fällen liegt die

Erdschlußspannung bei Doppelerdschluß meist zwischen 30 und 80%
der Phasenspannung.

Bei allen Betrachtungen ist bis jetzt keine Rücksicht genommen
auf den durch die Erdschlußspannung bedingten Erdschlußstrom (Ladestrom). Da dieser aber fast immer nur einen Bruchteil des Kurzschlußstromes beträgt, kann er ohne Bedenken vernachlässigt werden.

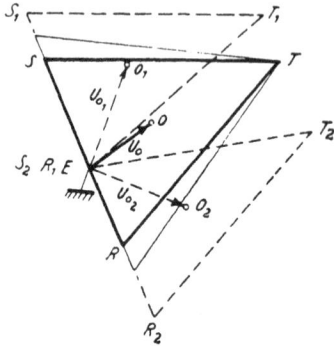

Abb. 34. Dreiphasiges Spannungsdiagramm für Doppelerdschluß nach
Abb. 32:

R-S-T Spannungsdreieck an der
Sammelschiene.

R_1-S_1-T_1 Spannungsdreieck am Fehlerort 1.

R_2-S_2-T_2 Spannungsdreieck am Fehlerort 2.

U_0 Erdschlußspannung an der
Sammelschiene.

U_{01} Erdschlußspannung am Fehlerort 1.

U_{02} Erdschlußspannung am Fehlerort 2.

Unangenehm ist der Doppelerdschluß
aus folgenden Gründen: Die Zerstörungen
durch den Erdkurzschlußlichtbogen an
den Leitungen sind infolge des hohen
Lichtbogenstromes sehr groß, auch dann,
wenn der Fehler in einigen Sekunden
durch den Kurzschlußschutz abgeschaltet
wird. In Kabelnetzen können die Bleimäntel, besonders an den Verbindungs-
stellen, zerstört werden.

Die Gefahr der Zerstörungen macht
es nötig, die fehlerhaften Leitungen,
ebenso wie im Kurzschlußfall, möglichst
rasch abzuschalten. Der normale Kurzschlußschutz wird aber, soll er auch diese
Fehlerart richtig erfassen, wesentlich komplizierter.

Infolge der hohen Nullströme, die im
Doppelerdschlußfall gleich der Größe des
Kurzschlußstromes sind, werden in allen
parallellaufenden Nachbarleitungen sehr
hohe Spannungen induziert. Besonders
für Schwachstromleitungen kann sich dies
sehr unangenehm auswirken. In benachbarten Starkstromleitungen
(z. B. auf dem gleichen Gestänge liegende Leitungen) werden die Spannungen gegen Erde verlagert.

Die Spannungsabfälle an den Erdschlußstellen nehmen infolge der
hohen Ströme (Kurzschlußstrom) sehr hohe Werte an, so daß Gefahren
für das Bedienungspersonal entstehen. Es ist meist nicht möglich, die
Erdübergangswiderstände so klein zu halten, daß auch für den Doppelerdschlußfall die Berührungsspannungen in zulässigen Grenzen bleiben.

B. Kompensation des Erdschlußstromes.

11. Bekämpfung des Erdschlusses.

a) Auftrennen der Netze.

Um die unangenehmen Begleiterscheinungen und Folgen des Erd-schlusses, vor allen Dingen des Lichtbogenerdschlusses, zu verhindern, gibt es verschiedene Maßnahmen. Das einfachste Mittel besteht darin, den Erdschlußstrom immer so klein zu halten, daß der Lichtbogen nicht aufrechterhalten werden kann. Die Grenze hierfür liegt in der Größen-ordnung von rd. 6 A. Trennt man die Netze in kleine, nur transforma-torisch gekuppelte Bezirke auf, deren Erdschlußstrom jeweils unter dieser Grenze liegt, so wird damit das Stehenbleiben des Erdschluß-lichtbogens im allgemeinen verhindert. Dieser Methode stehen aber nicht nur wirtschaftliche Nachteile (zusätzliche Transformatoren und Anlagekosten), sondern meist auch betriebliche entgegen (Spannungs-haltung). Außerdem läßt sich das Mittel praktisch für Freileitungsnetze über 20 kV sowie für Kabelnetze kaum anwenden, da dort die zu-sammenhängenden Leitungslängen zu kurz werden. Man kann aber für Netze mit mehreren Speisequellen unter Umständen bei Auftreten eines Erdschlusses eine automatische Auftrennung durch verzögerte Null-spannungsrelais in Teilnetze herbeiführen[1]).

b) Nullpunktserdung.

In USA wird fast ausschließlich die Nullpunktserdung über Widerstände oder die direkte Nullpunktserdung angewendet. Auf letz-tere, d. h. die starre Erdung des Sternpunkts der Transformatoren oder Generatoren, sei hier nicht näher eingegangen, da bei dieser Betriebsart jeder Erdschluß ein einpoliger Kurzschluß ist, dessen Beseitigung eine Aufgabe des Kurzschlußschutzes ist.

Die Erdung des Nullpunktes (Sternpunkt der Generatoren oder Transformatoren) über induktionsfreie Widerstände hat den Zweck, die beim aussetzenden Erdschluß auftretenden Gleichspannungsladungen so rasch abzuführen, daß eine Rückzündung verhindert wird. Die erste

---

[1]) Siehe M. Walter, Der Selektivschutz n. d. Widerstandsprinzip, Seite 111, Verlag Oldenbourg 1933.

Rückzündung nach dem Verlöschen des Erdschlußlichtbogens ist spätestens nach Ablauf einer Halbperiode (s. Kapitel 7) zu erwarten. Die Ladung des Netzes muß in dieser Zeit also auf einen unschädlichen Restbetrag abgesenkt sein, damit Rest-Gleichspannung und Phasenspannung vereinigt nicht mehr zur Rückzündung ausreichen. Der Nullwiderstand müßte also möglichst klein sein. Hier sind aber aus anderen Gründen Grenzen gesetzt. Da der über den Nullwiderstand fließende Strom auch über die Erdschlußstelle fließt, erhöht er den Erdschlußstrom. Wird also der Nullwiderstand sehr klein, so erfolgt zwar ein rasches Abklingen der Gleichspannung, aber die Löschbedingungen werden infolge des Erdschlußstromes verschlechtert.

Als günstigsten Wert für den Nullpunktwiderstand gab Petersen[1] den Wert

$$R_0 = 2,5 - 1,0 \cdot \frac{1}{\omega \cdot 3 \cdot C_0}$$

an, wobei $3 \cdot C_0$ die Netzkapazität gegen Erde bedeutet.

Bei diesen Werten wird nicht nur ein rasches Abklingen der Gleichspannung erreicht, sondern auch noch die Löschbedingungen durch den Wirkstromanteil im Erdschlußlichtbogen begünstigt.

c) Überspannungsableiter.

Zwischen der Ableitung über Nullwiderstände und der Wirkung von Überspannungsableitern, die zwischen Phase und Erde angeschlossen sind, besteht im Grunde genommen kein Unterschied. Da diese aber im normalen Betrieb an Spannungen liegen, verbrauchen sie ständig Leistung, oder sie müssen über Funkenstrecken angeschlossen werden, die erst bei der erhöhten Spannung ansprechen. Die Ableiter als Schutz gegen Erdschlußüberspannungen sind von den wesentlich besser wirkenden und weniger störungsanfälligen Kompensationseinrichtungen verdrängt worden.

d) Maßnahmen, welche die Erdschlußstelle entlasten.

Andere Mittel, wie der Nicholsonsche Erdungsschalter, der darauf beruht, daß die kranke Phase automatisch an Erde gelegt und dadurch die Fehlerstelle entlastet und der Erdschlußlichtbogen zum Verlöschen gebracht wird, haben keine Verbreitung gefunden.

Dagegen haben die Einrichtungen, die den kapazitiven Erdschlußstrom durch zusätzlichen induktiven Strom kompensieren, in der Form der Löschspule und des Pollöschers große Verbreitung in Deutschland gefunden. Aber auch in anderen europäischen Ländern, in Südamerika und Japan werden sie immer mehr angewandt.

---

[1] Petersen, Der aussetzende Erdschluß, ETZ 1917, Seite 553.

12. Die Erdschluß- oder Löschspule.

a) Prinzip der Löschspule.

Petersen hatte bei seinen Untersuchungen über die Ableitungen der bei Erdschluß auftretenden Gleichspannungsladungen durch induktionsfreie Nullpunktswiderstände auch die Wirkung der Induktivitäten der zur Nullpunktsbildung herangezogenen Transformatoren und Generatoren eingehend geprüft. Dabei war er zu dem damals überraschenden Ergebnis gekommen, daß diese nicht, wie man vermuten könnte, die selbsttätige Unterbrechung des Erdschlußlichtbogens erschwert, sondern sie begünstigt. Das weitere überraschende Ergebnis war die Erkenntnis, daß diese Induktivitäten dem Strom im Nullpunkt eine wattlose, nacheilende Komponente aufzwingen, die einen Teil des kapazitiven Erdschlußstromes an der Fehlerstelle aufhebt.

Er schlug deshalb vor, den Nullpunktswiderstand gänzlich durch eine Drosselspule geeigneter Dimension zu ersetzen, um dadurch die günstige Wirkung der Induktivitäten im Nullkreis voll auszunützen[1]). Die Wirkung dieser Spule, im folgenden Erdschlußspule oder Löschspule genannt, sei an Hand der Abb. 35 erklärt. Die Abbildung stellt schematisch ein Drehstromnetz dar. Zwischen dem Sternpunkt des speisenden Transformators und Erde ist eine Erdschlußspule eingeschaltet, deren induktiver Widerstand (ωL) bei Betriebsfrequenz gleich dem Widerstand der Erdkapazität $\left(\dfrac{1}{3\,\omega\,C_0}\right)$ des Netzes sei.

Bekommt eine Phase des Netzes Erdschluß, so treibt die Erdschlußspannung $U_0 = -U_R$ über die Netzkapazitäten und über die Fehlerstelle einen der Erdschlußspannung um 90° voreilenden »Erdschluß«-Strom (s. Kapitel 3)

$$I_e = U_0 \cdot \mathrm{j}\,\omega\,3\,C_0.$$

Zwischen dem Sternpunkt des Transformators und Erde, also an den Klemmen der Erdschlußspule herrscht ebenfalls die Erdschlußspannung. Diese treibt durch den Kreis Spule-Fehlerstelle den »Spulen«-Strom

$$I_L = \frac{U_0}{\omega L}.$$

Da $\omega L = \dfrac{1}{3\,\omega\,C_0}$ gemacht wurde, ist $I_L = -I_e$, d. h. der kapazitive Erdschlußstrom gleich groß dem induktiven Spulenstrom, aber um 180° phasenverschoben gegen diesen.

Da die beiden Ströme in jedem Augenblick gleich groß sind, aber entgegengesetzte Richtung haben, heben sie sich an der Erdschlußstelle auf, d. h. die Erdschlußstelle wird stromlos. Zwischen Erdschlußspule

---

[1]) Petersen, Die Beseitigung von Freileitungsstörungen durch Unterdrückung des Erdschlußstromes und Lichtbogens, ETZ 1918, S. 297.

und Netzkapazität herrscht Stromresonanz, so daß der gesamte Ladestrom durch die Erdschlußspule von der Fehlerstelle abgesaugt wird.
Führt man zur Vereinfachung der Überlegungen (wie in Kapitel 3)
einen an der Erdschlußstelle wirkenden Nullstromgenerator ein, dann
arbeitet dieser infolge der Parallelschaltung Drossel-Kapazität auf
einen unendlichen großen Widerstand und bleibt stromlos.

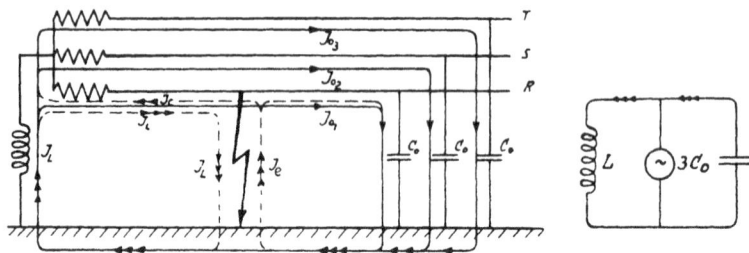

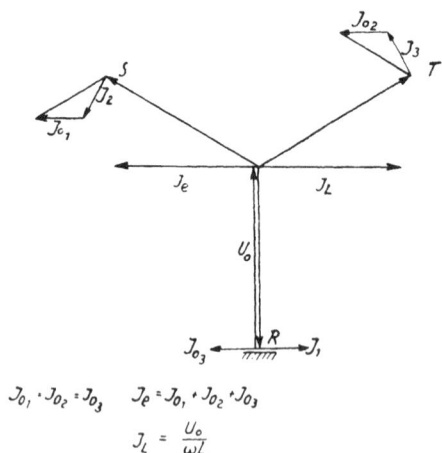

Abb. 35. Prinzip der Löschspule:
oben links: Darstellung des Stromverlaufes bei Erdschluß im
Drehstromnetz.
oben rechts: Schwingungskreis
Löschspule-Erdkapazität in
einpoliger Darstellung.
unten: Vektordiagramm der Spannungen und Ströme.
I_1, I_2, I_3 = Kapazitätsströme
Phase zur Erde im
normalen Betrieb.
I_0 = zusätzlicher Kapazi-
tätsstrom in jeder Pha-
se bedingt durch die
Erdschlußspannung.
$I_e = 3 I_0$ = gesamter kapazitiver
Erdschlußstrom.
I_L = Spulenstrom.

Absolute Stromlosigkeit an der Fehlerstelle läßt sich jedoch im
praktischen Betrieb nicht erreichen, da der kapazitive Stromkreis
sowie der induktive nicht verlustfrei sind, die Abstimmung meist nicht
vollkommen ist und außerdem der Erdschlußstrom Oberwellen enthält,
die nicht kompensiert werden. Den weiter über die Erdschlußstelle
fließenden Strom nennt man Reststrom. Auf die Größe, Zusammensetzung und Wirkung dieses Reststromes wird in dem Kapitel 15 noch
eingegangen. Seine Größe liegt im allgemeinen zwischen 4 und 15%
des vollen Erdschlußstromes.

Es ist einleuchtend, daß das Zurückgehen des Stromes auf diesen
kleinen Betrag das Löschen des Erdschlußlichtbogens infolge der geringeren Wärmeentwicklung an den Fußpunkten des Lichtbogens und

geringerer Ionisierung der Luftstrecke stark begünstigt. Aber noch viel günstiger wirkt sich der veränderte Spannungsanstieg nach dem Ablöschen des Stromes aus. In Kapitel 14 wird hierauf noch näher eingegangen.

Da das genau auf Netzfrequenz abgestimmte Schwingungsgebilde Löschspule (Resonanzlöschspule)-Erdkapazität im normalen Betrieb bei Vorhandensein einer geringen Spannungsverlagerung diese erheblich vergrößert (s. Kapitel 14c), schlug J. Jonas vor, die Löschspule zu verstimmen (Dissonanzlöschspule DRP. 358378).

b) Anschluß der Löschspulen und ihre Verteilung im Netz.

Die Löschspule wird, wie aus dem oben Gesagten hervorgeht, an den Nullpunkt der Anlage angeschlossen. Hierzu kann man die vorhandenen Transformatoren oder Generatoren verwenden, wenn sie gewissen Bedingungen entsprechen. Voraussetzung ist einmal, daß der Nullpunkt zugänglich ist. Ferner muß die Leistung der zum Anschluß gewählten Aggregate in einem Mindestverhältnis zu der Spulenleistung stehen, da mit Rücksicht auf die Erwärmung und die entstehenden Streufelder die zusätzliche Belastung im Erdschlußfall nicht zu groß sein darf. Manteltransformatoren und 3 zu einem Dreiphasensatz vereinigte Einphasentransformatoren können nicht verwendet werden, wenn sie Stern-Stern geschaltet sind. Sie setzen dem Spulenstrom einen sehr hohen, nämlich ihren Leerlaufscheinwiderstand entgegen. Bei Kerntransformatoren, die in Stern-Stern geschaltet sind, schließen sich die Streuflüsse des Spulenstromes über die Konstruktionsteile und Ölkessel, in denen dadurch hohe Eisen- und Wirbelstromverluste entstehen. Sie sollten deshalb auch möglichst nicht für den Anschluß von Erdschlußspulen verwendet werden; keinesfalls soll aber die angeschlossene Spulenleistung mehr als 10% der Transformatorenleistung betragen.

Bei Transformatoren jeder Bauart, die eine Dreieckswicklung aufweisen (sekundär oder tertiär) oder deren vom Spulenstrom durchflossene Wicklung in

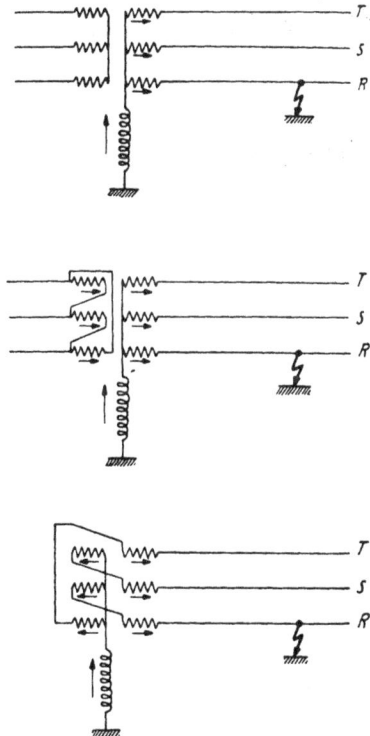

Abb. 36. Anschluß der Löschspule an Transformatoren verschiedener Schaltung: oben: Stern-Stern-Schaltung. Mitte: Stern-Dreieck-Schaltung. unten: Zickzack-Schaltung.

Zickzack geschaltet ist, ist die anzuschließende Spulenleistung nur durch die Erwärmung der Wicklung begrenzt. Denn bei diesen Schal-

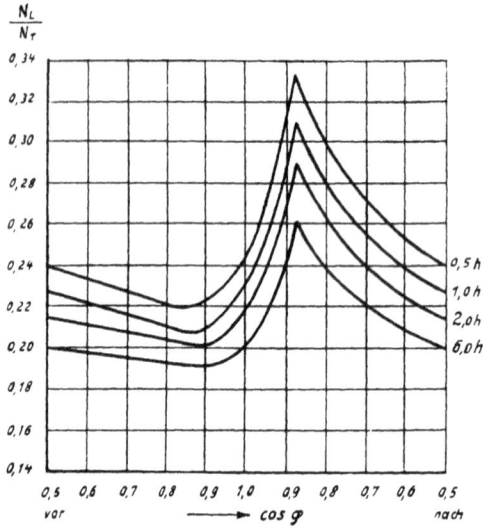

Abb. 37. Zulässige Spulenleistung (N_L) im Verhältnis zur Transformatornennleistung (N_T) bei vollbelastetem Transformator und einer zulässigen Temperaturerhöhung von 10°.

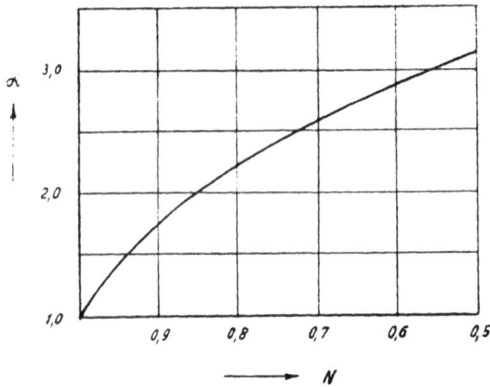

Abb. 38. Erhöhung der Spulenleistung (nach Abb. 37) für nicht vollbelastete Transformatoren:
N = Transformatorenbelastung.
α = Vergrößerungsfaktor für die zulässige Spulenleistung.

tungen wird die Wirkung der durch die Nullströme bedingten Ampere-windungen — wie Abb. 36 zeigt — durch Gegenamperewindungen wieder aufgehoben.

Die Kurven in Abb. 37[1]) geben überschlägig das zulässige Verhältnis Spulenleistung zu Transformatorenleistung an unter der Voraussetzung, daß der Transformator betriebsmäßig vollbelastet ist und man eine Temperaturerhöhung von rd. 10° C zuläßt. Die Erhöhung der zulässigen Spulenleistung für Transformatoren, die nicht voll belastet sind, zeigt die Kurve in Abb. 38.

Sind keine geeigneten Transformatoren zum Anschluß der Spulen vorhanden, so muß ein künstlicher Nullpunkt geschaffen werden. Ob hierfür ein Zickzack- oder Stern-Dreiecktransformator gewählt wird, hängt nur von konstruktiven Rücksichten ab; zweckmäßig erhält dieser eine Sekundärwicklung zur Leistungsabgabe, wodurch ein Stationstransformator ersetzt wird.

Wird die Spulenleistung N_L groß im Verhältnis zur Transformatorleistung N_T, so muß für genaue Abstimmung die Transformatorreaktanz, die sich zur Spulenreaktanz addiert, berücksichtigt werden. Beträgt die induktive Kurzschlußspannung zwischen der Spulenstrom führenden Wicklung und der Dreieckswicklung $e_k \%$, so erhöht sich die Reaktanz im Spulenkreis im Verhältnis

$$1 + \frac{e_k}{100} \cdot \frac{N_L}{N_T}.$$

Die nebenstehende Abbildung zeigt den Anschluß einer Erdschlußspule (Abb. 39), wobei, wie im allgemeinen üblich, nur ein Trennmesser (kein Ölschalter) in der Nullpunktsverbindung liegt. Außerdem ist hier noch der Anschluß der Alarm- und Registriereinrichtung dargestellt.

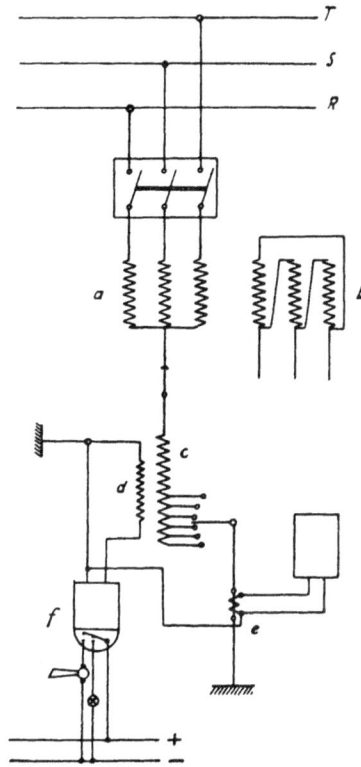

Abb. 39. Anschluß einer Löschspule:
a Anschlußwicklung des Trafos.
b Sekundär- oder Tertiärwicklung des Trafos.
c Hauptwicklung der Löschspule.
d Hilfs- oder Meßwicklung der Löschspule.
e Stromwandler.
f Alarmvorrichtung.

Den Aufstellungsort einer Spule wählt man möglichst im Schwerpunkt des Netzes. Soweit als möglich wird man die Spulenleistung unterteilen und die Spulen besonders in größeren Netzen in den verschiedenen Netzknotenpunkten aufstellen. Die einzelnen Spulen macht man dann so groß, daß jede die von ihrem Aufstellungsort abgehenden Leitungsbezirke kompensiert, so daß der

---

[1]) W. Bollmann, BBC-Mitteilungen 1934, S. 87.

Abb. 40. Löschspule der AEG mit Fernsteuerung für den Anzapfunnschalter für ein 66-kV-Netz. Spulenleistung 1375 kVA.

Weg des Nullstromes von den Spulen zu den Leitungen möglichst kurz wird und daß außerdem jeder Netzteil, der betriebsmäßig für sich bestehen kann, auch für sich kompensiert ist. Damit wird erreicht, daß mit jedem Netzteil auch seine Löschspule automatisch zu- oder abgeschaltet wird. Die Spulen werden also in großen Netzen nicht in dem Kraftwerk, sondern am besten in den Unterstationen aufgestellt.

c) Ausführung der Löschspulen.

Löschspulen werden von den Firmen AEG und BBC hergestellt. Sie werden im allgemeinen in der Bauart der normalen Öltransformatoren aus-

Abb. 41. BBC-Löschspule für ein 110-kV-Netz.
Spulenleistung 4130 kVA (während 2 h).

geführt und in einen Ölkessel mit äußerer Luftkühlung eingebaut. (S. die Abb. 40, 41 u. 42.) Die Größe des Ölkastens ist wesentlich bedingt von der Belastungsdauer, für welche die Spule bemessen ist. Die Ansichten über diese Größe sind geteilt. Als Mindestwert nimmt man 2 h an,

4*

vielfach geht man aber darüber hinaus und baut die Spulen für Dauer-
last, um auch in schwierigen Erdschlußfällen nicht durch die Leistungs-
fähigkeit der Löschspulen gehemmt zu sein. Damit die Induktivität
der Spule möglichst unabhängig von der angelegten Spannung ist
(geradlinige Magnetisierungskurve), wird der Eisenkern mit Luftschlitzen
versehen. Zugleich wird damit erreicht, daß die Spule selbst nicht der
Erzeuger von Oberwellen wird.

Abb. 42. Löscheinrichtung der BBC für ein 63-kV-Netz,
bestehend aus Nullpunkttransformator und Löschspule,
zusammengebaut in einem Kasten.
Spulenstrom = 30-22-16-11 A.

Die Wicklungen erhalten Anzapfungen, die normalerweise den Bereich vom max. Strom bis zur Hälfte desselben umfassen. Diese Anzapfungen dienen dazu, bei sich ändernden Netzverhältnissen den Spulenstrom dem jeweils vorhandenen Erdschlußstrom möglichst genau anzu-
passen. Die Anzapfungen sind entweder über den Deckel herausgeführt,
dann erfolgt die Umschaltung mittels Trennmesser, oder sie sind an
einen Umschalter unter Öl geführt, der über Deckel zu bedienen ist.
Die Umschaltung darf immer nur im erdschlußfreien Zustand erfolgen.
Die AEG versieht die Spulen außerdem mit einer Sekundärwicklung
für 110 V, die den Anschluß von Alarmvorrichtungen gestattet.

13. Die Pollöscher.

a) Prinzip der Pollöscher.

Nachdem die günstige Wirkung der induktiven Nullpunktserdung (Löschspule) allgemein erkannt worden war, wurden bald noch weitere Lösungen gefunden, bei denen ebenfalls der kapazitive Erdschlußstrom durch zusätzlichen induktiven Strom kompensiert wird. Die wichtigsten von ihnen, die Pollöscher nach Bauch und nach Reithoffer, erzeugen im Gegensatz zur Löschspule den induktiven Nullstrom nicht zwischen dem Sternpunkt des Netzes und Erde, sondern zwischen den Phasen (Polen) und Erde. Die grundsätzliche Wirkungsweise der Pollöscher zeigt die Abb. 43.

Zwischen jeden Leiter und Erde ist eine Drosselspule geschaltet, die so bemessen ist, daß sie bei Netzfrequenz numerisch den gleichen Strom aufnimmt wie die Erdkapazität des Leiters. Da die beiden Ströme entgegengesetzt gerichtet sind (um 180° zeitlich verschoben), ist die Summe der zur Erde abfließenden Ströme Null. Die Ströme der einzelnen Phasen fließen lediglich im Kreis Drosselspule-Kondensator. Da dies für jeden Leiter und unabhängig von der am Leiter liegenden Spannung gilt, wird auch im

Abb. 43. Grundsätzliche Wirkungsweise der Pollöscher:
oben: Jede Phase ist gesondert mit einer Drosselspule ausgerüstet.
unten: Die drei Drosselspulen sind zu einer Einheit zusammengefaßt.

Erdschlußfall die Summe aller abfließenden Ströme Null, d. h. die Fehlerstelle ist stromlos.

Die Schaltung hat aber den Nachteil, daß die Drosselspulen im Normalbetrieb Strom führen und, da sie nicht verlustlos gebaut werden können, ein ständiger Energieverlust stattfindet, der beispielsweise in einem Netz für 100 kV und 100 km bei 1% Verlust der Drossel jährlich rd. 100 000 kWh betragen würde. Die von Bauch und Reithoffer angegebenen Schaltungen vermeiden diesen Nachteil durch Zusammenfassen der 3 Drosseln zur Primärwicklung eines Manteltransformators.

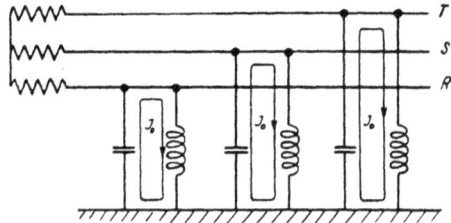

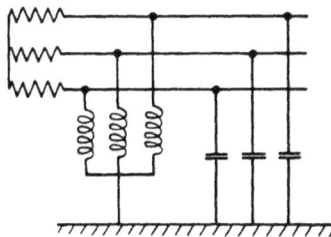

b) Der Löschtransformator nach Bauch (SSW).

Die Schaltung des Löschtransformators zeigt Abb. 44. Die in Stern geschalteten 3 Primärwicklungen eines Manteltransformators sind an die 3 Phasen des Netzes angeschlossen. Der Sternpunkt ist geerdet. Die 3 Sekundärwicklungen des Transformators sind in Reihe geschaltet (offene Dreieckswicklung). An den Enden der Reihenschaltung ist eine Drosselspule angeschlossen.

Im Normalbetrieb ist die Summe der Phasenspannungen gegen Erde Null. Die Summe der Sekundärspannungen des Löschtransformators, also die Spannung an der Drosselspule, ist dann ebenfalls Null.

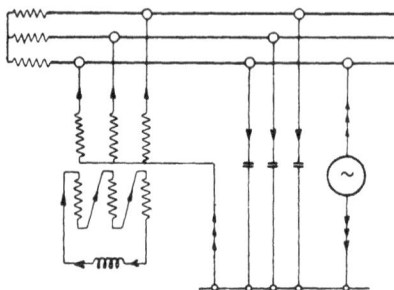

Abb. 44. Schaltung des Löschtransformators nach Bauch.

Der Löschtransformator wirkt wie ein leerlaufender Transformator; die Primärwicklungen führen den Leerlaufstrom, die Sekundärwicklungen sind stromlos.

Im Erdschlußfall ist die Summe der 3 Spannungen gegen Erde gleich der Erdschlußspannung. An der Drosselspule tritt also eine Spannung auf, die proportional und phasengleich der jeweiligen Erdschlußspannung ist. Diese treibt durch die Drosselspule einen Strom, der ihr um 90° nacheilt und der in gleicher Höhe und Phasenlage die 3 hintereinander geschalteten Sekundärwicklungen durchfließt. Demzufolge fließen in den 3 Primärwicklungen ebenfalls 3 Belastungsströme, die gleich groß sowie phasengleich sind. Diese 3 Ströme, die der Erdschlußspannung um 90° nacheilen, addieren sich algebraisch im Transformatorsternpunkt, fließen von dort zur Erde und über die Erdschlußstelle wieder in das Netz und den Transformator zurück.

Der Löschtransformator stellt also eine Induktivität dar, die zwischen Netz und Erde liegt und deren Größe durch die auf der Sekundärseite angeschlossene Drossel bestimmt ist.

Ist nun die Drossel so dimensioniert, daß der induktive Strom auf der Primärseite des Transformators (ωL) numerisch gleich groß dem kapazitiven Erdschlußstrom wird, dann heben sich beide Ströme, da sie in jedem Zeitpunkt entgegengesetzt gerichtet sind, an der Erdschlußstelle auf; die Erdschlußstelle wird also stromlos.

Der Löschtransformator wirkt also genau so wie die im vorigen Kapitel beschriebene Löschspule. Er kompensiert den kapazitiven Erdschlußstrom, so daß über die Fehlerstelle nur noch ein Reststrom fließt, der sich zusammensetzt aus den Verlustströmen des kapazitiven und induktiven Kreises (5 bis 15% des Erdschlußstromes, davon 4 bis 10% Löschverluste), den durch ungenaue Abstimmung bedingten Blindströmen und den Oberwellenströmen. Mit der Erdkapazität des Netzes zusammen bildet der Löscher einen Schwingungskreis, der auf die Netzfrequenz abgestimmt werden kann.

Der Löschtransformator, den die SSW bauen, wird als Manteltransformator ausgeführt. Die Drossel auf der Sekundärseite ist mit Anzapfungen versehen, damit der Löscher auf verschiedene Ströme eingestellt werden kann. Das Umschalten auf die verschiedenen Stufen erfolgt neuerdings durch eine unter Öl liegende Einrichtung. Der Löschtransformator hat außerdem für Meß- und Anzeigezwecke auf

Abb. 45. Löschtransformator nach Bauch der SSW mit Regeldrossel in Freiluftausführung.
Für 100-kV-Netz, Spulenleistung 7000 kVA.

den 3 Hauptschenkeln Tertiärwicklungen und auf dem Ausgleichschenkel eine Hilfswicklung. Die ersteren geben die 3 Phasenspannungen gegen Erde, die Hilfswicklung die Erdschlußspannung wieder. Abb. 45 zeigt einen Löscher mit Regeldrossel und der früher üblichen Schaltung der Anzapfung mit außenliegendem Trennmesser.

Für die Aufstellung und Verteilung des Löschtransformators im Netz gilt das gleiche wie für die Löschspule, nur daß man hier nicht an Transformatoren gebunden ist, da der Anschluß direkt an die Phasen (im allgemeinen über Trennmesser) erfolgt.

c) Der Pollöscher nach Reithoffer (gebaut von Elin).

Die Wirkungsweise des Pollöschers nach Reithoffer ist die gleiche wie die des Löschtransformators nach Bauch. Während aber bei letzterem der primäre Sternpunkt direkt geerdet ist, wird an ihn hier eine im offenen Dreieck geschaltete Sekundärwicklung angeschlossen, die erst über eine weitere Wicklung am vierten Schenkel geerdet ist. Die Wicklung auf dem 4. Schenkel übernimmt die Rolle der Regeldrossel und ist infolgedessen anzapfbar. Die Sekundärwicklungen auf den 3 Hauptschenkeln wirken im Erdschlußfall als Gegenwicklung zu den Primärwicklungen. Im normalen Betrieb sind alle Sekundärwicklungen stromlos; die Primärwicklungen führen den Leerlaufstrom.

14. Wirkung der Löscheinrichtungen.

a) Bei Dauererdschluß (ohne Lichtbogenwirkung).

Die Löscheinrichtungen verringern den Erdschlußstrom an der Fehlerstelle bis auf 4 bis 15%, wodurch die Zerstörungen der Leitungen und Anlagen auf ein wesentlich geringeres Maß herabgesetzt werden. Dadurch wird es in Netzen mit großem Erdschlußstrom erst möglich, bei Dauererdschluß (z. B. Leitungsbruch) den Betrieb solange fortzuführen, bis die fehlerhafte Leitung gefunden und nach entsprechender Umschaltung außer Betrieb genommen ist, ohne daß eine Betriebsunterbrechung stattfindet.

Durch den verringerten Strom wird auch die Berührungsspannung an der Fehlerstelle entsprechend kleiner.

Außerdem werden die Maschinen im Erdschluß nicht mit dem zusätzlichen einphasigen Erdschlußstrom belastet. Aber noch viel wichtiger als diese Vorteile ist das Unterdrücken der Überspannungen bei Lichtbogenerdschlüssen.

b) Bei Lichtbogenerdschluß.

Bekanntlich hat der Wechselstromlichtbogen die Tendenz, in jedem Stromnulldurchgang abzureißen. Das Wiederzünden nach dem Abreißen des Stromes hängt davon ab, ob der Spannungsanstieg an der Lichtbogenstrecke langsamer vor sich geht als die Wiederherstellung der Isolierfestigkeit (Entionisierung) der Luftstrecke.

Im Kapitel 6 wurde beschrieben, wie in freischwingenden Netzen die beim Löschen des Erdschlußlichtbogens abgetrennten Gleichspannungsladungen im Verein mit der betriebsmäßigen Phasenspannung eine derart hohe Überspannung an der kranken Phase erzeugen, daß Rückzündungen fast unvermeidlich sind. Diese Erscheinungen verschwinden vollkommen in kompensierten Netzen. Denn hier bildet die Erdkapazität mit der Induktivität der Erdschlußspule ein schwingungsfähiges Gebilde, dessen Frequenz auf die Betriebsfrequenz abgestimmt ist. Nach der Unterbrechung des Erdschlußstromes schwingt dieser Kreis mit der Betriebsfrequenz weiter, so daß also unabhängig vom Zeitpunkt der Unterbrechung dem Netz weiter eine Erdschluß-spannung überlagert bleibt, die mit der vorher vorhandenen übereinstimmt, bis auf ein die Dämpfung des Kreises berücksichtigendes Glied. Der Erdschlußzustand bleibt also nach Löschen des Lichtbogens zunächst erhalten. Die kranke Phase behält, obwohl die Verbindung mit Erde fehlt, zunächst Erdpotential. Erst mit dem Abklingen der freien Schwingung kehrt der symmetrische Zustand des erdschlußfreien Betriebes allmählich und stetig wieder.

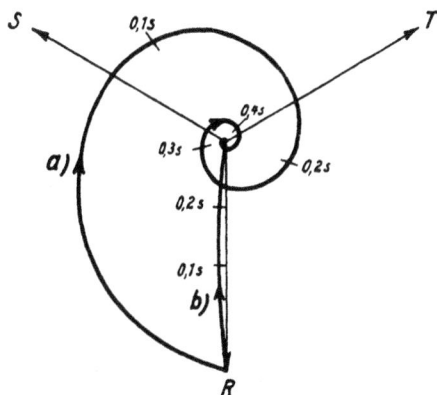

Abb. 46. Einschwingen des Erdpotentials von der geerdeten Phase R nach dem Systemnullpunkt (Verluste rd. 5 %):
a) bei rd. 17 % Unterkompensation.
b) bei fast vollkommener Kompensation.
Die Zahlen an der Spirale geben die Zeit in Sekunden nach dem Abschalten an, zu der sich das Erdpotential an dem betreffenden Punkt befindet.

Dabei ist es gar nicht so wichtig, daß die Abstimmung der Löscheinrichtung vollkommen ist. Denn für das Rückzünden des Erdschlußlichtbogens ist der Spannungsanstieg in der ersten Halbwelle nach dem Löschen maßgebend, und dieser ist auch noch bei starker Verstimmung des Resonanzkreises sehr langsam.

Die Zusammensetzung der Netzspannung mit der infolge der Verstimmung frequenzungleichen Schwingungsspannung führt zu Schwebungen der gesunden und kranken Phase. Die Schwebungsfrequenz (Differenz zwischen Netz- und Abstimmfrequenz) ist aber auch bei starker Verstimmung noch gering. Begünstigend wirkt hier, daß die den allmählichen Übergang zwischen krankem und gesundem

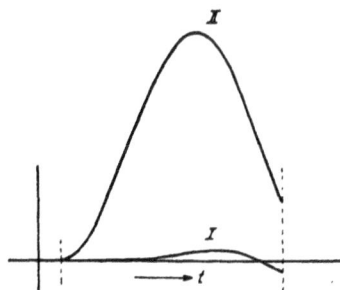

Abb. 47. Spannungsanstieg an der Fehlerstelle nach Abreißen des Lichtbogens:
I im gelöschten Netz.
II im ungelöschten Netz.

Netzzustand vermittelnde Schwingung $\left(\omega = \dfrac{1}{L \cdot 3\,C_0}\right)$ sich nur mit der Quadratwurzel aus den Größen des Netzes und der Löscheinrichtung verändert.

In Abb. 46 ist der Unterschied im Vektordiagramm für ein Netz mit rd. 5% Wirkreststrom für vollkommene und 17% Unterkompensa-

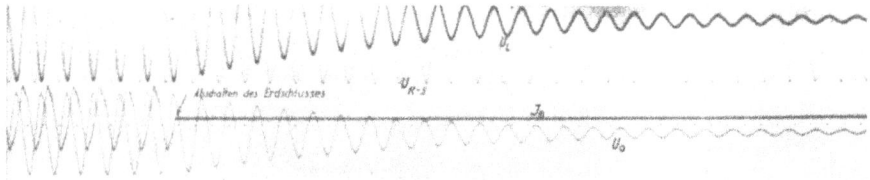

Abb. 48. Osz. Aufnahme des Ausschwingvorganges in einem gelöschten Netz.

tion anschaulich dargestellt. Nach Unterbrechung des Lichtbogens nimmt die Größe des Vektors der Erdschlußspannung exponentiell ab. Während aber bei genauer Abstimmung der Fußpunkt des Vektors auf einer Geraden von der kranken Phase zum Sternpunkt wandert, beschreibt er bei Verstimmung der Löscheinrichtungen eine logarithmische Spirale. Die Geschwindigkeit, mit der sich der Vektor dabei gegen den Netzstern dreht, entspricht der Differenz zwischen Netzfrequenz und Frequenz des freien Schwingungskreises (Schwebungsfrequenz). Bei 5% Verstimmung und einer Netzfrequenz von 50 Per/s ist die Schwebungsfrequenz 2,5 Per/s, der Nullspannungsvektor hat sich also nach 20 »Netz«-Perioden einmal um den Netzstern gedreht. Die Spannung an der Fehlerstelle baut sich also auch bei Verstimmung ziemlich langsam auf.

In Abb. 47 ist der Spannungsanstieg in der ersten Halbwelle nach dem Abreißen des Lichtbogens für ein kompensiertes und ein unkompensiertes Netz gegenübergestellt. Die Abb. 48 zeigt den oszillographisch aufgenommenen Übergang, vom erdschlußbehafteten in den fehlerfreien Zustand in einem kompensierten Netz. Man sieht deutlich, wie nach dem Löschen die Erdschlußspannung allmählich abklingt.

Dieses allmähliche Übergehen von dem kranken in den gesunden Zustand ist entscheidend für die Löschung des Lichtbogens. Denn bei dem langsamen Ansteigen der Spannung an der Fehlerstelle hat die Luftstrecke dort genügend Zeit, sich zu entionisieren, und die Lichtbogenfußpunkte sind abgekühlt, bevor die Spannung nennenswerte Beträge erreicht, so daß eine Wiederzündung verhindert wird. Der Erdschlußlichtbogen wird dadurch im Entstehen erstickt. Es wird damit der in Freileitungsnetzen so unangenehme aussetzende Erdschluß mit seinen hohen

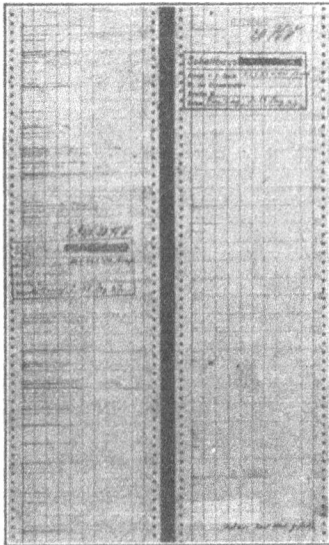

Abb. 49. Registrierstreifen eines Spannungsmessers (Erdschlußspannung) während eines gewitterreichen Tages.

Überspannungen praktisch vollkommen verhindert. Übrig bleibt nach Einleitung eines Erdschlußlichtbogens nur ein »Erdschlußwischer«, der nur eine oder wenige Halbwellen dauert.

Abb. 49 zeigt den Registrierstreifen eines Spannungsschreibers, der die Sternpunktsspannung eines kompensierten Freileitungsnetzes während eines gewitterreichen Tages aufzeichnete. Wenn trotz dieser vielen Erdschlüsse der Betrieb aufrechterhalten werden konnte, so war dies nur durch die löschende Wirkung der Erdschlußspule möglich.

Aber auch in Netzen mit sehr hohem Erdschlußstrom, z. B. in ausgedehnten Kabelnetzen, wo der Reststrom so hoch wird, daß auch im kompensierten Zustand keine dauernde Löschung mehr erfolgt, bringt die Kompensation außer den verringerten Zerstörungen den Vorteil, daß sie die Überspannungen verhindert, die der Lichtbogenerdschluß in ungeerdeten Netzen erzeugt. Dadurch wird die Spannungsbeanspruchung der gesamten Netzisolation stark heruntergesetzt und die Gefahr des Übergangs zum Kurzschluß oder Doppelerdschluß vermindert.

c) Im erdschlußfreien Betrieb bei erdunsymmetrischem Netz.

Die Wirkung der Löschspulen beruht auf der Abstimmung ihrer Induktivität mit der Erdkapazität des Netzes zu einem Schwingungskreis mit der Eigenfrequenz, die gleich der Netzfrequenz ist. Dies führt nun dazu, daß auch im erdschlußfreien Betrieb, wenn eine Anregung infolge unsymmetrischer Erdkapazitäten (s. Kapitel 2) vorhanden ist, Resonanzerscheinungen auftreten.

Jonas schlug deshalb vor, die Löschspulen nicht auf vollkommene Kompensation einzustellen, sondern den Schwingungskreis gegen die Netzfrequenz zu verstimmen (Dissonanzlöschspule), so daß die an-

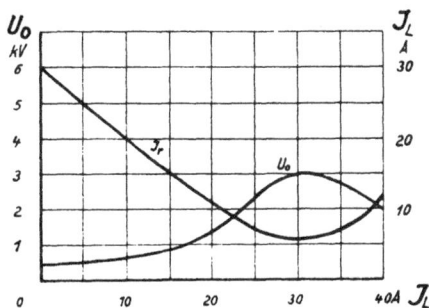

Abb. 50. Resonanzspannung infolge Unsymmetrie der Erdkapazitäten ohne Erdschluß in Abhängigkeit vom eingestellten Spulenstrom (50-kV-Netz).

regende Frequenz des Netzes und die Frequenz des Schwingungskreises verschieden sind. Die Wirkung dieser Verstimmung zeigt Abb. 50. Man sieht deutlich den Resonanzcharakter der Kurve. Während ohne Löscheinrichtung die Nullpunktsspannung infolge ungleicher Erdkapazitäten rd. 0,5 kV betrug (50 kV-Netz), stieg sie bei genauer Abstimmung (32 A) bis auf rd. 3 kV an. Bei schönem Wetter (kleinere Verluste) wurde sogar mehr als der doppelte Wert gemessen.

Unzulässige Überspannungen sind aber im praktischen Betrieb wegen der Verluste des Schwingungskreises (Ableitverluste — Verluste der Löscher und Leitungen) kaum zu erwarten. Die Pollöscher verhalten sich in diesem Fall wegen ihrer meist höheren Verluste (Primär-Sekundär-wicklung und Regeldrossel) günstiger als die Löschspulen.

Außerdem herrscht in kleinen Netzen wegen der verhältnismäßig groben Stufen der Löscher selten genaue Abstimmung, während anderseits in ausgedehnten Netzen größere Unsymmetrien der Phasen selten sind.

d) Erhöhung der gegenseitigen Beeinflussung kapazitiv gekoppelter Netze durch die Löscheinrichtungen.

Sind 2 Netze kapazitiv gekoppelt, z. B. durch die gegenseitige Kapazität von Leitungen, die gemeinsam auf einem Gestänge verlegt sind, dann bewirkt die Spannungsverlagerung gegen Erde eines Netzes auch eine Verlagerung der Spannungen in dem 2. Netz, und zwar wird:

$$U_{II} = U_I \frac{Z_{II}}{Z_{II} \,\hat{+}\, Z_{III}} \quad \text{(Siehe Kapitel 3b)},$$

wenn:

U_I = die Verlagerungsspannung im induzierenden Netz,
Z_{II} = die Erdimpedanz des beeinflußten Netzes,
Z_{III} = die gegenseitige Kopplungsimpedanz ist.

Für unkompensierte Netze ist sowohl Z_{II} als auch Z_{III} fast rein kapazitiv, und außerdem ist im allgemeinen Z_{III} wesentlich größer als Z_{II}. (Kopplungskapazität kleiner als Erdkapazität.) Die induzierte Verlagerung bleibt deshalb immer ziemlich klein. (S. Kapitel 3b.)

In gelöschten Netzen ist aber die Erdkapazität durch die Induktivität der Löscher kompensiert. Die Erdimpedanz (Z_{II}) ist dadurch rd. 10- bis 20mal so hoch als im ungelöschten Netz und Ohmscher Natur (bei vollkommener Kompensation). Für das kompensierte Netz ist also eine wesentlich höhere Nullpunktsverlagerung zu erwarten.

Bei Unterkompensation des beeinflußten Netzes wird die Verlagerung wieder geringer, da die resultierende Impedanz gegen Erde (Z_{II}) wieder kleiner und teilweise kapazitiv wird.

Bei Überkompensation wird jedoch die Verlagerung noch größer, denn durch die Hintereinanderschaltung von Kopplungskapazität und überschüssiger Induktivität der Löscheinrichtungen wird die Gesamt-impedanz kleiner. Wenn der Widerstand der Kopplungskapazität und der Widerstand der überschüssigen Induktivität der Löscher gleich groß sind, tritt Spannungsresonanz ein. Jedoch sind Spannungen, die erheblich über die normale Erdschlußspannung des Netzes hinausgehen, wegen der dann einsetzenden Eisensättigung der Löscher und der damit verbundenen Verstimmung des Kreises nicht möglich.

Solange die Eisensättigung der Löscher die Abstimmung nicht verändert, wird die Verlagerungsspannung für kompensierte Netze (s. Gleichung 8):

$$U_{II} = U_I \frac{1}{1 + \gamma \cdot b + \mathrm{j} \cdot \gamma \cdot r},$$

wenn

$$b = \frac{\text{Blindreststrom}}{\text{Erdschlußstrom}} \text{ im Netz II } \left(\frac{I_B}{I_e}\right), \begin{array}{l} \text{positiv bei Unter-, negativ} \\ \text{bei Überkompensation,} \end{array}$$

$$r = \frac{\text{Restwirkstrom}}{\text{Erdschlußstrom}} \text{ des Netzes II} \left(\frac{I_R}{I_e}\right)$$

Spannungsresonanz herrscht, wenn $\gamma \cdot b = -1$ wird: Es wird dann

$$U_{II} = U_I \frac{1}{\mathrm{j} \cdot \gamma \cdot r}.$$

Beispiel: Zwei 110-kV-Netze sind auf einer Länge von 20 km auf gemeinsamem Gestänge verlegt. Die Gesamtlänge des Netzes II beträgt 200 km, das Netz ist kompensiert, der Restwirkstrom beträgt 4,0% des Netzerdschlußstromes. Die Erdkapazität des Netzes II pro km ist dreimal so groß als die gegenseitige Kapazität. Netz I hat einen satten Erdschluß. Dann ist:

$$U_I = \frac{110 \text{ kV}}{\sqrt{3}} \cong 63,5 \text{ kV}$$

$$\gamma = \frac{l_2 \cdot c_2}{l_3 \cdot c_3} = \frac{200 \cdot 3}{20 \cdot 1} = 30$$

$$r = 0,04.$$

Die größte Verlagerung tritt ein, wenn $\gamma \cdot b = -1$ oder wenn

$$b = -\frac{1}{\gamma} = -\frac{1}{30} = -0,033,$$

d. h. also bei 3,3% Überkompensation. Es wird dann:

$$U_{II} = 63,5 \frac{1}{\mathrm{j} \cdot 30 \cdot 0,04} \cong 53 \text{ kV},$$

d. h. das an und für sich gesunde Netz erhält bei ungünstigstem Kompensationszustand, obwohl es nicht galvanisch mit dem erdschlußbehafteten Netz verbunden ist, eine Sternpunktsverlagerung von 85%.

Bei vollkommener Kompensation ($b = 0$) wird:

$$U_{II} = 63,5 \frac{1}{1 + 0 + \mathrm{j} \cdot 30 \cdot 0,04} \cong 41 \text{ kV (65 %)}.$$

Bei 3,3% Unterkompensation ($b = +0,033$) wird:

$$U_{II} = 63,5 \frac{1}{1 + 30 \cdot 0,033 + \mathrm{j} \cdot 30 \cdot 0,04} \cong 27 \text{ kV (43 %)}.$$

Dieses Beispiel zeigt deutlich, wie erheblich die Rückwirkung von Erdschlüssen auf ganz oder auch nur zum geringen Teil parallel geführte

Leitungen sein können, wenn diese kompensiert sind; es zeigt sich aber auch, daß man durch geringe Unterkompensation die übertragenen Spannungsverlagerungen stark heruntersetzen kann.

15. Der Reststrom.

Infolge ungenauer Abstimmung, nicht vermeidbarer Verluste der Löscheinrichtung und Leitungen und infolge der nicht vollkommenen Sinusform der Erdschlußspannung bleibt auch in kompensierten Netzen an der Erdschlußstelle ein Strom übrig, den man als Erdschlußreststrom bezeichnet. Dieser Reststrom setzt sich nach dem eben Gesagten aus den 3 Komponenten zusammen:

Wirkstromanteil (I_W),

das ist die mit der Erdschlußspannung in Phase liegende Stromkomponente,

Blindstromanteil (I_B),

das ist die um 90° gegen die Erdschlußspannung verschobene Stromkomponente,

Oberwellenanteil (I_H),

das sind die Stromanteile höherer Frequenz.

Der Effektivwert des Reststromes ergibt sich zu:

$$I_R = \sqrt{I_W{}^2 + I_B{}^2 + I_H{}^2} = \sqrt{I_W{}^2 + I_B{}^2 + I_3{}^2 + I_5{}^2 + I_7{}^2},$$

wenn I_3, I_5, I_7 die Anteile der einzelnen Oberwellen sind. Auf die Ursachen und Wirkungen der einzelnen Komponenten wird im folgenden näher eingegangen.

a) Wirkstromanteil.

An den Erdschlußstrom sind gewisse, wenn auch niedrige Verluste in den Leitungen gebunden; außerdem besitzt das Netz neben der kapazitiven Verbindung mit Erde auch die Verbindung über die Ableitungswiderstände (Isolatoren), über die ein Verluststrom zur Erde abfließt. Schließlich bedingen die dielektrischen Verluste der Leitungen (besonders bei Kabeln) und die Verluste in der Erdschlußspule bzw. dem Löschtransformator eine, wenn auch kleine, Verdrehung der Phasenlage des Erdschluß- und des Spulenstromes. Das Diagramm 51 zeigt, wie sich die Verlustkomponente des Erdschluß- und des Erdschlußspulenbzw. Löschtransformatorstromes zu-

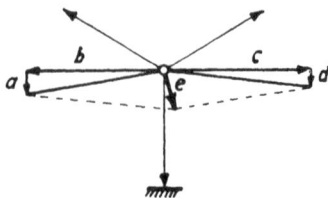

Abb. 51. Diagramm für die Zusammensetzung des Erdschlußreststromes:
a Leitungsverluststrom.
b Kapazitiver Erdschlußstrom.
c Löscherstrom.
d Löscherverluststrom.
e Reststrom.

sammensetzen. Sie summieren sich im Erdschlußpunkt und bilden den Wirkstromanteil des Erdschlußreststromes.

Die Höhe der Ableitungswiderstände ist sehr verschieden, besonders bei Freileitungen, wo sie vom Wetter und der geographischen Lage beeinflußt werden. Man kann bei diesen mit 3 bis 10% vom Erdschlußstrom als Wirkstrom durch Ableitung rechnen, wobei die höheren Werte bei nassem Wetter erreicht werden. In Küstengegenden und in der Nähe von chemischen Fabriken kann der Wert bis zu 15% ansteigen. In Kabelnetzen beträgt der durch die dielektrischen Verluste und durch Ableitungen bedingte Verluststrom rd. 1 bis 2% des Erdschlußstromes. Die Verluste von Erdschlußspulen liegen meist zwischen 2 und 4, die der Löschtransformatoren zwischen 4 bis 10% der Löschleistung.

Bei ungenauer Kompensation und größerem Widerstand an der Erdschlußstelle verursacht auch der Blindstrom noch Verluste an der Fehlerstelle, wodurch ein weiteres Wirkstromglied bedingt wird.

Im allgemeinen kann man den Wirkstrom an der Erdschlußstelle im Mittel mit 4 bis 15% des gesamten Erdschlußstromes für Freileitungsnetze und 3 bis 6% für Kabelnetze annehmen.

Die Erfahrungen haben gezeigt, daß die Grenze der Löschfähigkeit des Erdschlußlichtbogens bei einem Reststrom von rd. 40 A liegt. Ein Reststrom in der genannten Höhe setzt aber schon einen ganz beträchtlichen Erdschlußstrom voraus, der nur in sehr großen Netzen erreicht wird. Wird dieser Wert überschritten, so kann man sich durch Aufteilen des Netzes in erdschlußunabhängige, d. h. nur transformatorisch gekuppelte Bezirke helfen.

Es sind auch verschiedentlich Einrichtungen vorgeschlagen worden, die eine Unterdrückung bzw. Herabsetzung des Wirkreststromes bezwecken, jedoch hat sich der Einbau derartiger Einrichtungen noch nicht als unbedingt notwendig erwiesen.

b) Blindstromanteil.

In der Praxis ist der ideale Löschzustand nur in seltenen Fällen vorhanden, denn die Löscher werden nur mit wenigen Stufen versehen, während die Netzkapazität sehr viel mehr Werte annehmen kann, je nachdem, welche von den besonders in Mittelspannungsnetzen zahlreichen Leitungsstrecken zu- oder abgeschaltet werden. Es wird deshalb in der Mehrzahl der Fälle die Kompensationseinrichtung nur angenähert auf die Netzkapazität abgestimmt sein, so daß über die Erdschlußstelle außer dem Restwirkstrom noch kapazitiver oder induktiver Restblindstrom — je nachdem, ob Unter- oder Überkompensation herrscht — fließt. Versuche und praktische Erfahrungen haben aber gezeigt, daß auch größere Abweichungen von der idealen Kompensation nicht von großem Einfluß auf die Löschfähigkeit des Lichtbogens sind, solange der gesamte Reststrom unter rd. 40 A bleibt.

Obwohl die Löschbedingungen durch ungenaue Abstimmung nicht wesentlich schlechter werden, ist doch mit Rücksicht auf die Verringerung des Erdschlußstromes eine möglichst kleine Verstimmung der Löscher anzustreben. Denn mit der Größe des Reststromes gehen auch die Zerstörungen und Spannungsgefahren an der Erdschlußstelle zurück. Rechnet man mit einem Wirkreststrom von 10%, so hat eine Fehlabgleichung von einigen Prozent wegen der geometrischen Addition der beiden Komponenten auf die Größe des Gesamtreststromes wenig Einfluß, aber man muß immer damit rechnen, daß in Störungsfällen die Abgleichung durch Ausfall von Leitungen oder Netzteilen sich weiter verschlechtert. Bei 5% Fehlabgleichung erhöht sich der Reststrom z. B. von 10 auf 11,2%, bei 10% Fehlabgleichung von 10% auf 14% und bei 17% Verstimmung erhöht sich der Reststrom auf den doppelten Wert.

c) Oberwellenanteil.

Die Oberwellen im Erdschlußstrom werden weder durch den Löschtransformator noch durch die Erdschlußspule abgesaugt, da diese ja auf die Grundwelle abgeglichen sind. Sie fließen also praktisch in gleicher Stärke über die Erdschlußstelle, unabhängig davon, ob das Netz kompensiert ist oder nicht.

Die Ursachen der Oberwellenströme sind die Oberwellen in der Spannungskurve, die ihrerseits wieder durch leerlaufende, hochgesättigte Transformatoren, durch Gleichrichter, seltener durch schlechte Kurvenformen der Generatoren bedingt sind.

Die Größe der Oberwellenspannung ist im Gegensatz zu der der Grundwelle meist nicht über das ganze Netz gleich hoch. Man kann manchmal an den einzelnen Netzpunkten Werte messen, die um ein Vielfaches verschieden sind. Auch zeitlich ändert sich die Größe der Oberwellenspannung sehr stark, da sie sowohl last- als auch spannungsabhängig ist. Die Abb. 52 zeigt den Verlauf des Anteils der 5. und 7. Oberwelle (die übrigen Oberwellen waren unbedeutend) im Erdschlußstrom eines unkompensierten 6-kV-Kabelnetzes (290 km Kabel, $I_e \cong$ 150 A) im Verlauf von Versuchen, die sich über einen ganzen Tag erstreckten.

Da der Widerstand einer Kapazität umgekehrt proportional der Frequenz ist $\left(\dfrac{1}{\omega \cdot C}\right)$, der Widerstand der Erdkapazität für die 5. Oberwelle also beispielsweise nur noch ein Fünftel beträgt, können sich kleine Verzerrungen der Spannungskurve im Oberwellenanteil des Erdschlußstromes schon sehr bemerkbar machen. Dazu kommt noch, daß die Induktivitäten im Erdschlußkreis, die für die Grundfrequenz meist keine wesentliche Rolle spielen, ihren Widerstand proportional mit der Frequenz erhöhen, wodurch — da kapazitiver $\left(-\dfrac{1}{\omega \cdot C}\right)$ und induktiver Widerstand ωL sich subtrahieren — der Gesamtwiderstand des Kreises $\left(\omega L - \dfrac{1}{\omega C}\right)$ weiter heruntergesetzt wird. In größeren Netzen kann es aus diesem Grund öfter zur Resonanz für eine der Oberwellen kommen $\left(\omega L = \dfrac{1}{\omega C}\right)$ bzw. sogar zu einem Gesamtscheinwiderstand, der induktiv ist.

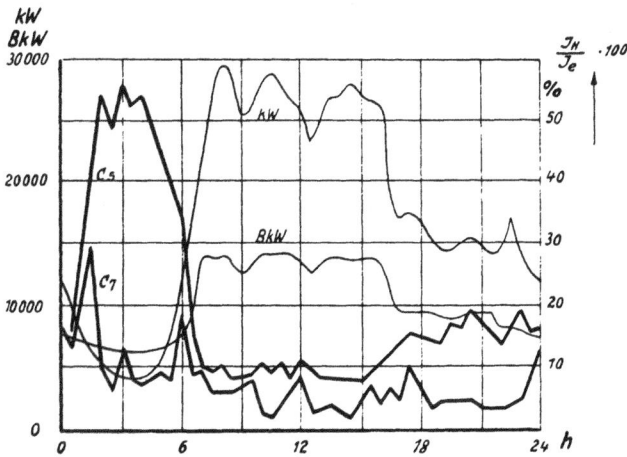

Abb. 52. Oberwellenanteil im Erdschlußstrom eines Kabelnetzes im Verlauf eines Tages:
$C_5 = 5.$ Oberharmonische.
$C_7 = 7.$ Oberharmonische.

Allerdings muß man sich hüten, Versuchsergebnisse gerade in dieser Hinsicht zu verallgemeinern, da der Erdschluß bei den Versuchen meist in zentral gelegenen Stationen eingeleitet wird, die geringen Erdübergangswiderstand aufweisen. Nach dem Obengesagten ergibt sich aber ohne weiteres, daß der Oberwellenanteil im Erdschlußstrom wegen der hohen Leitungsinduktivitäten für die Oberwellen stark vom Ort des Fehlers abhängt und daß außerdem der Ohmsche Widerstand im Erdschlußkreis den in großen Netzen an sich geringen Gesamtwiderstand stark beeinflussen kann. Der in Abb. 52 wiedergegebene Anteil der 5. und 7. Oberwelle im Erdschlußstrom wäre beispielsweise bereits bei einem Erdübergangswiderstand von rd. 10 Ω auf ungefähr $^1/_4$ bzw. $^1/_{16}$ seines Betrages zurückgegangen.

Im allgemeinen treten nur die 3., 5., 7. und 9. Oberwelle stärker hervor. Da die Dreieckswicklung eines Transformators einen Kurzschluß für die Oberwellen mit der Ordnungszahl 3 oder deren Vielfaches darstellt, sind in Netzen, die Transformatoren mit Dreieckswicklung enthalten, auch die 3. und 9. Oberwelle nur in geringem Maße anzutreffen.

Obgleich die Oberwellen den Reststrom wesentlich erhöhen können, tritt erfahrungsgemäß durch sie in kompensierten Netzen kaum eine Verschlechterung der Löschung auf. Zurückzuführen ist dies darauf, daß sie den Spannungsanstieg nach dem Abreißen des Lichtbogens kaum beeinflussen, da die Spannungswerte der Oberwellen fast immer nur einige Prozent der Grundwelle betragen. Auch die durch den Oberwellenstrom bedingte Berührungsspannung wird aus dem gleichen Grunde meist nicht übermäßig hoch werden können.

Von Piloty[1]) ist für Netze mit hohem Oberwellengehalt im Erdschlußstrom eine Einrichtung zu deren Kompensation angegeben worden, die sich aus Drosseln und Kondensatoren zusammensetzt, welche auf die zu kompensierende Oberwelle abgestimmt sind. In der Regel ist aber, wie aus vorstehendem hervorgeht, eine besondere Kompensation der Oberwellen nicht notwendig.

16. Entkopplungseinrichtungen.

Im Kapitel 14 d wurde gezeigt, daß die Beeinflussung zweier ganz oder teilweiser parallel geführter Netze sehr groß werden kann, wenn ihr Erdschlußstrom kompensiert ist. Man wird deshalb die Verlegung von Netzen, die galvanisch getrennt betrieben werden, auf gemeinsamen Gestänge soweit als möglich vermeiden. Wo dies aber nicht möglich ist, kann durch Einrichtungen, die ähnlich wirken wie die Erdschlußlöscher, die Wirkung der gegenseitigen Kapazität und damit die Gefahr gefährlicher Nullspannungsübertragungen beseitigt werden. Die Abb. 53 bis 55 zeigen drei verschiedene Schaltungen. Zur Erhöhung der Übersichtlichkeit ist dort jedes Netz nur durch seinen Sternpunkt dargestellt.

Am einfachsten sind die Verhältnisse bei der Ausgleichspule (Abb. 53) zu übersehen. Zwischen den Sternpunkten der beiden Netze ist eine Drosselspule eingeschaltet, deren Induktivität so abgestimmt wird, daß sie mit der parallel liegenden Kopplungskapazität einen Schwingungskreis bildet, dessen Eigenfrequenz gleich der Netzfrequenz ist.

Die kapazitiven und induktiven Ströme zwischen den beiden Netzen ergänzen sich dann immer zu Null. Nur die Verluste des Schwingungskreises bedingen einen geringen Ohmschen Reststrom. Als Kopplungsimpedanz Z_{III} (s. Kapitel 14 d) bleibt also ein Ohmscher Widerstand, der in dem Verhältnis $\dfrac{\text{Kapazitätsstrom}}{\text{Verluststrom}}$ höher ist als die der Kopplungskapazität entsprechende Impedanz. Damit wird auch die durch diesen Strom bedingte Spannungsverlagerung (Spannungsabfall an der Erdimpedanz Z_{II}) entsprechend kleiner.

---

[1]) Piloty, Die Kompensation der Oberwellen im Erdschlußstrom, ETZ 1926 S. 1479.

Da die Ausgleichspule die Kopplung zwischen den beiden Netzen aufhebt, wird außerdem der Erdschlußstrom des einen Netzes unabhängig von dem Betriebszustand des anderen.

Tritt in den beiden Netzen Erdschluß auf, dann braucht die Ausgleichspule nicht mehr zu wirken, da die Verlagerung der beiden Netze durch die Erdschlüsse festgelegt ist, jedoch muß die Spule thermisch für diesen Fall, also für die algebraische Summe der beiden Netzphasenspannungen (asynchroner Betrieb) ausgelegt werden.

In Abb. 54 ist die Dreieckschaltung, welche die Löschspulen mit den Ausgleichspulen bilden, nach bekannten Gesetzen in eine Sternschaltung umgewandelt. Die ursprünglich an Erde liegenden Enden der Erdschlußspulen sind über eine Saugspule geführt.

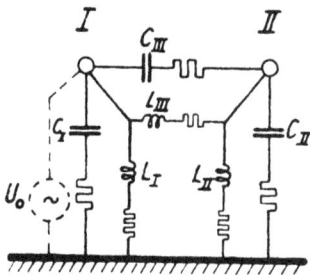

Abb. 53. Ersatzschaltbild für die Wirkungsweise der Ausgleichspule (L_{III}):

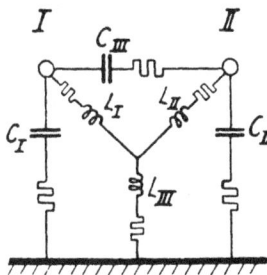

Abb. 54. Ersatzschaltbild der Saugspule (L_{III}).

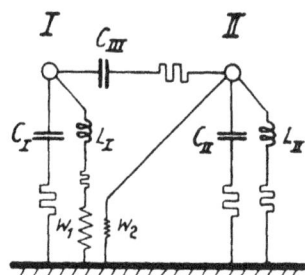

Abb. 55. Ersatzschaltbild des Saugtransformators (W_I und W_{II}).

I = Sternpunkt des Netzes I.
II = Sternpunkt des Netzes II.
U_o = Verlagerungsspannung im Netz I.
C_I = Erdkapazität des Netzes I.
C_{II} = Erdkapazität des Netzes II.
C_{III} = Gegenseitige Kapazität zwischen Netz I und Netz II.
L_I = Induktivität der Löscher in Netz I.
L_{II} = Induktivität der Löscher in Netz II.

Im Gegensatz zur Ausgleichspule kann die Saugspule nur am Aufstellungsort der Erdschlußspulen eingebaut werden; jedoch ist es nicht notwendig, daß sämtliche Erdschlußspulen über Saugspulen geerdet werden. Meist ist diese Entkopplungsschaltung billiger als die mit Ausgleichspulen.

Für Netze mit stark verschiedenen Nennspannungen ist die in Abb. 55 wiedergegebene Schaltung des Saugtransformators vorteilhaft. In Reihe mit der Erdschlußspule des Netzes höherer Spannung (Netz I) liegt die Transformatorenwicklung W_1. Zwischen dem Sternpunkt des Netzes kleinerer Spannung (Netz II) und Erde liegt die Transformatorwicklung W_2. Ebenso wie Ausgleichspule und Saugspule wirkt der Saugtransformator trotz der unsymmetrischen Anordnung in beiden Richtungen richtig, also unabhängig davon, in welchem der beiden Netze Erdschluß auftritt.

5*

17. Messen und Überwachung des Kompensationszustandes.

In kompensierten Netzen ist immer möglichst gute Abstimmung anzustreben. Dazu muß der Erdschlußstrom des gesamten Netzes und der einzelnen Teilstrecken bekannt sein.

a) Bestimmen des Erdschlußstromes durch Versuch.

Die Ströme der einzelnen Leitungen lassen sich zwar bei Berücksichtigung aller Faktoren wie Leitungshöhe, Mastform, Einfach- oder Doppelleitung und dgl. ziemlich genau errechnen; trotzdem wird man bei Einführung von Löscheinrichtungen oder nach größeren Netzumbauten den genauen Erdschlußstrom durch Netzversuche ermitteln. Schon mit Rücksicht auf die nicht genau zu erfassenden Anteile der Schaltanlage ist dies notwendig. Zugleich hat man dabei Gelegenheit, die anderen für die Löschung wichtigen Faktoren, wie Reststrom und Löscherstrom bei verschiedenen Anzapfungen, nachzukontrollieren und das Arbeiten der Löscher und Erdschlußmeß- oder -meldeeinrichtungen festzustellen.

Der Erdschluß (starre metallische Verbindung mit der Erdungsanlage) wird zweckmäßig in einer Unterstation mit mehreren Leitungsabgängen eingebaut, damit der Widerstand des Erdschlußkreises (Leitungs- und Erdübergangswiderstand) möglichst gering ist. Für die Zu- und Abschaltung wird ein Leistungsschalter benützt. Der Erdschluß- bzw. Reststrom wird über einen diesem angepaßten Stromwandler gemessen. Meist werden Strom und Spannung bei diesen Versuchen oszillographisch aufgenommen. Die Bestimmung des Kompensationsgrades, also der einzelnen Anteile des Reststromes, ist aber einfacher und meist auch genauer, wenn man Wirk- und Blindleistungsmesser bzw. cos φ-Messer zusammen mit Strom- und Spannungsmesser verwendet, denen man Erdschlußstrom und Erdschlußspannung zuführt. Steht kein Blindleistungsmesser (einphasiger) zur Verfügung, so kann in den meisten Fällen ohne Fehler (wenn die Impedanz im Erdungskreis zu vernachlässigen ist) ein normaler Wirkleistungsmesser benützt werden, dessen Spannungspfad an die Spannung zwischen den beiden gesunden Phasen gelegt wird.

Da die Oberwellen, auch wenn sie im Strom stark hervortreten, auf die Leistungsangaben wenig Einfluß haben, ergeben die Werte des Wirkleistungsmessers zusammen mit der Spannung den Wirkreststrom (I_w), die des Blindleistungsmessers den Blindreststrom (Abstimmungsgrad) (I_B). Der Oberwellenanteil I_H wird dann, wenn I_R der gesamte Reststrom ist:

$$I_H = \sqrt{I_R{}^2 - I_W{}^2 - I_B{}^2}.$$

Dieser Wert wird zwar etwas ungenau, da er aber sowieso ständig starken zeitlichen Schwankungen unterworfen ist, bleibt dies ohne Bedeutung.

Aus den oszillographischen Aufnahmen lassen sich dagegen die einzelnen Werte, wegen der starken Verzerrung der Kurvenform infolge des hohen Oberwellengehalts im Reststrom, erst nach der harmonischen Analyse der Kurven ermitteln.

b) Überwachen des Abstimmungsgrades.

Da die Netzkapazität von der Länge der in Betrieb befindlichen Leitungen abhängig ist, muß bei Änderung des Betriebszustandes auch die Induktivität der Kompensationseinrichtung (Anzapfung) diesem jeweils angepaßt werden.

In Netzen mit geringer Anzahl von Leitungsstrecken macht es keine Mühe, den gesamten Erdschlußstrom sowie Spulenstrom bzw. Strom der Löschtransformatoren rechnerisch gegeneinander abzugleichen. Für Netze mit sehr vielen Leitungsstrecken kann man die Addition der Teilströme wesentlich vereinfachen, wenn man die Anzahl der Leitungen durch Holzklötze darstellt, deren Höhe dem Strom proportional ist, und die Klötze der in Betrieb befindlichen Leitung vor einen Strommaßstab schichtet. Stellt man die Erdschlußspulen oder Löschtransformatoren und deren Anzapfung ebenso dar, dann ergibt der Höhenunterschied der beiden Säulen die Abstimmung in Ampere an. Man kann die Ströme auch durch Gewichte darstellen und die kapazitiven Leitungsströme gegen die induktiven Ströme der Kompensationseinrichtungen abwiegen.

Im normalen Betrieb kann der Abstimmungsgrad durch Messen der meist in geringem Maße vorhandenen Nullpunktspannung kontrolliert werden. Diese von kleinen Kapazitätsunsymmetrien herrührende Spannung ändert sich mit dem Grad der Abstimmung nach einer Resonanzkurve (vgl. Kapitel 14c).

Bei völliger Kompensation, d. h. Resonanz des Schwingungskreises für die Betriebsfrequenz, werden die Teilspannungen an der Kapazität und Induktivität, also die Nullpunktspannung am größten; mit zunehmender Verstimmung wird die Nullpunktspannung kleiner. Die richtige Abstimmung kann somit durch Messen der Nullpunktspannung beim Umzapfen bzw. durch Zu- und Abschalten von Löschspulen, also durch Ausprobieren, gefunden werden.

In großen Netzen mit sehr vielen Leitungsstrecken und mit auf viele Stationen verteilten Kompensationseinrichtungen erweisen sich all diese Verfahren besonders in Zeiten unruhigen Betriebes als umständlich. Es kommt dazu, daß der Erdschlußstrom der Leitungen nicht vollkommen konstant ist. Ein vollkommeneres Verfahren gestattet den Grad der Falschabstimmung in A Über- bzw. Unterkompensation zu messen; dies geschieht mit dem sogenannten von der AEG gebauten

Kompensometer[1]), dessen grundsätzliche Schaltung in Abb. 56 dargestellt ist.

Nach Vorschlägen von Biermanns, Piloty, Hüter und Schäfer mißt diese Einrichtung den jeweiligen Leitwert des Netzes gegen Erde. Da bei idealer Kompensation der kapazitive Leitwert der Leitungen und Anlagen gegen Erde gleich dem induktiven Leitwert der Kompensationseinrichtung ist $\left(\omega\, 3\, C_0 = \dfrac{1}{\omega \cdot L}\right)$, hat das Netz den Blindleitwert Null gegen Erde; ist das Netz verstimmt, so ist der gesamte Blindleitwert gegen Erde kapazitiv oder induktiv, je nachdem, ob unter- oder überkompensiert ist.

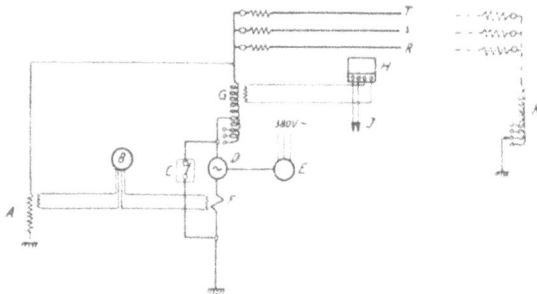

Abb. 56. Prinzipschaltbild des Kompensometers:

A = Spannungswandler.
B = Kompensometer.
C = Schutz- und Erdungsschalter.
D = Hilfsgenerator.
E = Drehstrommotor.
F = Stromwandler.
G = Erdschlußspule.
H = Schutzrelais.
I = Verbindungsleitung zum Schutzschalter.
K = Weitere Erdschlußspulen.

Da jedem Leitwert unter Voraussetzung konstanter Spannung (Phasennennspannung) ein bestimmter Strom entspricht, ist das Anzeigeinstrument statt in Blindwerteinheiten in A »über-« bzw. »unterkompensiert« geeicht.

Zum Zwecke der Messung wird dem Netznullpunkt, wie Abb. 56 zeigt, eine künstliche Spannung (meist 10% der Phasenspannung) zugeführt. Das Aufdrücken der Spannung erfolgt über eine Schutzinduktivität, für die meist eine vorhandene Erdschlußspule herangezogen wird, um die Apparatur vor Schäden zu bewahren, wenn zufällig während der Messung ein Erdschluß auftreten sollte, der außerdem ohne Schutzinduktivität einen einphasigen Kurzschluß für das Netz bedeuten würde. Der aufgedrückte Strom und die Spannung des Netznullpunktes wer-

[1]) S c h ä f e r, Messung der Erdschlußkompensation in Hochspannungsnetzen, VDE-Fachberichte 1931.

den einem Blindleitwertmesser (Kreuzspulinstrument mit besonderer Verschiebeschaltung) über Wandler zugeführt.

In Kabelnetzen kann, da dort die normal vorhandene Unsymmetriespannung meist genügend klein ist, die Hilfsspannung dem Netz transformatorisch direkt entnommen werden. In Freileitungsnetzen muß die Frequenz der aufgedrückten Spannung von der Netzfrequenz um 1 bis 3% abweichen, damit der Einfluß der vorhandenen Unsymmetriespannung am Nullpunkt ausgeschieden wird. Man verwendet deshalb hier ein kleines Motorgeneratoraggregat mit abweichender Frequenz. Der Einfluß der Frequenz auf die Blindleitwerte wird beim Eichen des Instrumentes ausgeglichen, ebenso wird der Strom der Schutzinduktivität im Erdschlußfall berücksichtigt. Die Größe der Hilfsstromquelle hängt natürlich von der Größe und Spannung des Netzes ab. Sie beträgt beispielsweise für ein 20-kV-Netz mit 100 A Erdschlußstrom, wenn Verstimmungen bis zu 20% gemessen werden sollen, rd. 12 kVA.

Ein von der Erdschlußspannung gesteuertes Hilfsrelais sorgt dafür, daß die Apparatur kurzgeschlossen und außer Betrieb gesetzt wird, wenn während der Messung ein Erdschluß auftritt.

C. Erdschlußschutz.

18. Messen der Null-Spannungen, -ströme und -leistungen.

a) Nullspannung.

Werden in einem Drehstromnetz alle 3 Leiterspannungen gegen Erde gemessen, so kann man bei sattem Erdschluß aus den Instrumentenangaben ohne weiteres die fehlerhafte Phase erkennen, da deren Spannung Null wird, während die gesunden Phasen erhöhte (verkettete) Spannung aufweisen.

Bei Verwendung von dreiphasigen Spannungswandlern zum Messen der Leiterspannungen gegen Erde muß der Sternpunkt der Wandler hochspannungsseitig geerdet werden. Bei dreischenkligen Wandlern

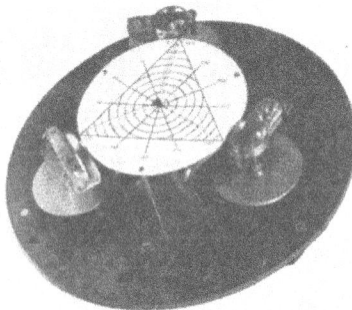

Abb. 57. Das Drehstromasymmeter
von P. Gossen & Co., geöffnet.

ist dies nicht zulässig, da im Erdschlußfall die Schenkel der beiden gesunden Phasen auf die kurzgeschlossene Wicklung der kranken Phase arbeiten und diese zu warm bzw. verbrennen würde. Der magnetische Kreis der gesunden Phasen würde sich in diesem Fall nicht mehr über Eisen (3 Schenkel), sondern nur über Luft (Öl) und Kasten schließen. Es können deshalb nur Dreiphasenwandler mit magnetischem Nebenschluß (4 oder 5 Schenkel), sog. Erdungsdrosseln oder 3 Einphasenwandler verwendet werden.

Bei geringeren Verlagerungen des Erdpotentials, z. B. durch unsymmetrische Kapazitäten gegen Erde, oder bei Erdschluß über höheren Widerstand, ist es schon umständlicher, aus den einzelnen Spannungen die Größe und Richtung der Erdschlußspannung (Nullspannung) zu bestimmen. Hierfür ist das »Asymmeter« der Firma F. Gossen & Co. sehr praktisch. Dieses zeigt die Verschiebung des Netzsternpunktes gegen das Erdpotential sehr anschaulich. Es besitzt als Skalenschild (Abb. 57) ein gleichseitiges Dreieck, das das Spannungsdreieck versinnbildlicht. Eine kleine runde Scheibe, die über dem Skalenblatt schwebt, stellt die Lage des Erdpotentials dar. Die Drehbewegung von 3 Spannungsmeßsystemen, deren Schaltung Abb. 58 zeigt, wird über Kokonfäden auf die kleine Erd-

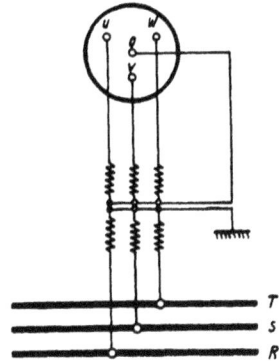

Abb. 58. Anschlußschaltung des Asymmeters.

potentialscheibe übertragen. Die Lage der Scheibe entsprichtdadurch jeweils der Lage des Erdpotentials im Spannungsdreieck.

Soll die Erdschlußspannung direkt gemessen oder registriert werden oder benötigt man sie für Relais, so kann man sie am einfachsten über Spannungswandler zwischen einem Transformator- oder Maschinennullpunkt und Erde abnehmen. Der Wandler ist dann für die Phasenspannung auszulegen.

Die öfter vorgeschlagene Methode, einen künstlichen Nullpunkt zu schaffen und zwischen diesen und Erde einen Spannungswandler zu schalten, ist im allgemeinen ungeeignet und auch wesentlich teurer als die übrigen.

Wo der Sternpunkt des Systems nicht vorhanden ist, z. B. an Sammelschienen oder Leitungen, gewinnt man die Nullspannung (Erdschlußspannung) durch Summieren der 3 Leiterspannungen gegen Erde. Die Summe dieser 3 Spannungen ist der Nullspannung proportional und phasengleich

$$\left(U_0 = \frac{U_1 \,\hat{+}\, U_2 \,\hat{+}\, U_3}{3}\right).$$

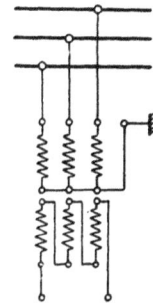

Abb. 59. Gewinnung der Erdschlußspannung (Nullspannung) über drei Einphasenwandler.

Die Summierung kann durch Hintereinanderschaltung der 3 sekundären Wicklungen der Spannungswandler erfolgen (Abb. 59). Sind die sekundären Wicklungen aber aus irgendeinem Grund in Stern geschaltet, beispielsweise zur Gewinnung der verketteten Spannung, so gewinnt man die Nullpunktspannung über Einphasen-Hilfswandler, deren sekundäre Wicklungen in Reihe geschaltet werden (Abb. 60).

Ist auf dem 4. und 5. Schenkel einer Erdungsdrossel eine Hilfswicklung aufgebracht (Abb. 61 Fünfschenkelwandler!), so gibt diese ebenfalls die Summe der 3 Leiterspannungen gegen Erde bzw. die Nullspannung wieder.

In gelöschten Netzen kann die Nullspannung außerdem an der Sekundärwicklung der Erdschlußspule bzw. an der Regeldrossel des Löschtransformators abgenommen werden.

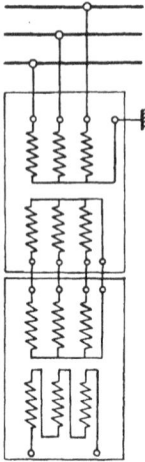

Abb. 61. Gewinnung der ¡Erdschlußspannung durch Fünfschenkelwandler.

Die Wicklungen all dieser Systeme werden im allgemeinen so ausgelegt, daß sie bei sattem Erdschluß eine sekundäre Spannung von 110 V geben. Die Forderung an die Meßgenauigkeit dieser Systeme ist gering. Nur in kompensierten Netzen, wenn wattmetrische Relais angeschlossen sind, müssen die Winkelfehler klein gehalten werden. Obwohl die Streuinduktivität mancher Systeme (z. B. Fünfschenkelwandler) sehr groß ist, bleiben die Winkelfehler infolge der geringen Anschlußleistung meist in den zulässigen Grenzen.

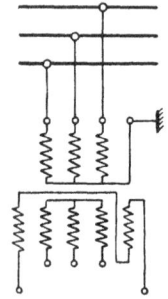

Abb. 60. Gewinnung der Erdschlußspannung über einen Hilfswandler in offener Dreieckschaltung.

b) Nullstrom.

Der gesamte Nullstrom an irgendeiner Netzstelle wird nach der in Abb. 62 wiedergegebenen Summenschaltung (Holmgreenschaltung) gemessen. Die in allen 3 Phasen eingebauten Stromwandler werden sekundär in Stern geschaltet. In der Verbindung zwischen den beiden Sternpunkten fließt dann die Summe der 3 Phasenströme, die gleich ist dem Summennullstrom. Im normalen Betrieb ist dieser bekanntlich Null, im Erdschlußfall gleich dem über die Erde zurückfließenden Strom.

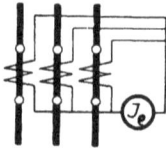

Abb. 62. Gewinnung des Nullstromes über drei Stromwandler (Holmgreen-Schaltung).

Die Schwierigkeit für die Nullstrommessung liegt in der Auslegung der Stromwandler. Die Wandler, die meist auch noch für andere Zwecke, z. B. für den Kurzschlußschutz benutzt werden, müssen, da sie auch von dem Betriebsstrom durchflossen werden, für diesen ausgelegt werden. Der zu messende Nullstrom beträgt dann — besonders in kompensierten Netzen — oft nur wenige Prozent des Wandlernennstromes. Zum Messen solch kleiner Ströme (1% entspricht sekundär 0,05 A) benötigt man Instrumente mit hohem Widerstand, die eine starke Überbürdung der Stromwandler darstellen, so daß der Wandlerfehler sehr groß wird und der Nullstrom viel zu klein gemessen wird.

Es ist in solchen Fällen bei Versuchen zweckmäßig, die Nullströme nicht mit einem zusätzlich eingeschalteten Instrument zu messen, sondern möglichst mit dem bereits eingebauten oder einzubauenden Relais selbst zu bestimmen. Man kann ihn je nach Art der Relais aus deren Ablaufzeit, oder aus der Ansprechgrenze, wenn diese verändert werden kann, ermitteln, bei wattmetrischen Relais aus der Ansprechgrenze, wobei eine fremde in Phase und Größe veränderliche Spannung zugeführt wird.

Ein weiterer, besonders bei der Schutzauslegung störender Faktor für die Nullstromerfassung ist der bereits im normalen Betrieb sekundär auftretende sog. »Falschstrom«. Wenn die 3 Primärströme, deren geometrische Summe Null ist, durch die Stromwandler verschieden übersetzt werden, so ist die Summe der Sekundärströme nicht mehr Null. Über die Sternpunktverbindung fließt dann ein Strom, der gleich ist der vektoriellen Summe der 3 Stromwandlerfehler, wobei die Vektoren der Phase V und W um 120° bzw. 240° entsprechend der Phasenverschiebung der Primärströme zu verdrehen sind.

Bei gleichem Übersetzungsfehler der 3 Wandler wird also unabhängig von der Größe des Fehlers der Falschstrom Null. Für die Summenstromschaltung sind deshalb immer Wandler mit der gleichen Charakteristik (gleiche Type) zu verwenden, und außerdem ist in allen 3 Sekundärstromkreisen möglichst gleich große Bürde anzustreben, da auch diese den Wandlerfehler beeinflußt.

Der Magnetisierungsstrom der Stromwandler (Übersetzungsfehler) enthält außer der Grundfrequenz auch höhere Harmonische. Die dreizahlig höheren Harmonischen davon ergänzen sich, da sie in den 3 Wandlern phasengleich sind nicht zu Null, sondern erscheinen summiert in der Sternpunktverbindung. Sie betragen deshalb oft ein Mehrfaches von dem Betrag der Falschstromgrundwelle.

Für die Messung des Falschstromes gilt das gleiche wie das oben für die Nullstrommessung Gesagte, nur daß die Stromwerte noch kleiner sind und die Abdrosselung des Falschstromes durch den höheren Instrumentenwiderstand noch stärker ist. Länger anhaltende hohe Gleichstromstöße, wie sie beim Einschalten von Transformatoren oder Maschinen sowie im Kurzschlußfall auftreten, werden von den Stromwandlern auf der Sekundärseite sehr ungenau wiedergegeben, so daß bei solchen Vorgängen immer Stromstöße in der Summenleitung zu erwarten sind. Im normalen Betrieb können Nullströme auch dadurch auftreten, daß in vermaschten Netzen oder bei parallelen Leitungen die einzelnen Phasen verschiedene Impedanzen haben. Ist beispielsweise bei 2 parallelen Leitungen die Phase R einer Leitung unterbrochen, dann führt die andere Leitung den gesamten Strom dieser Phase, während der Strom der beiden Phasen S und T sich auf die beiden Leitungen entsprechend ihrem Widerstand verteilt. Bei Freileitungen (Doppelleitungen) ist der

Nullstrom in diesem Fall von der gleichen Größenordnung wie der Strom, der in der fehlerhaften Phase fließen würde, wenn sie nicht unterbrochen wäre. Bei Kabeln dagegen wird der Nullstrom durch den hohen Nullwiderstand, den diese dem Strom entgegensetzen, stark abgedrosselt, so daß er kaum über 10% des ausgefallenen Phasenstromes ansteigen wird. Diese Erscheinungen treten natürlich nicht nur bei parallelen Leitungen, sondern auch in vermaschten Netzen auf. Es braucht auch keine vollständige Unterbrechung einer Phase zu bestehen; ungleicher Widerstand der Phasen wirkt in der gleichen Weise, nur daß der Nullstrom eben entsprechend kleiner wird.

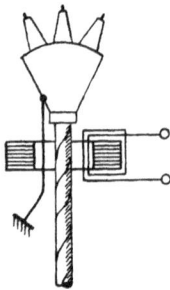

In Kabelnetzen besteht die Möglichkeit, den Nullstrom durch Ringwandler, die über das Kabel geschoben sind, zu messen (Abb. 63). Die durch die Wandlerfehler bedingten Falschströme sind hierbei ausgeschieden. Da diese Wandler aber nur eine Primärwindung haben, zeigen sie nur bei größeren Nullströmen genau. Man sollte sie nicht für Ströme unter 20 A benützen. Bei der Montage der Wandler ist zu beachten, daß der Bleimantelstrom des Kabels nicht durch den Wandlerkern hindurchfließen darf, da er

Abb. 63. Kabelringstromwandler.

sonst mitgemessen wird und somit der Nullstrom nicht erfaßt wird. Die Bleimantelerdung muß also entsprechend verlegt werden, d. h. der Mantel muß vor dem Wandler geerdet oder die Erdleitung muß wieder durch den Wandler zurückgezogen werden.

c) Nulleistung.

Die Nullwirk- bzw. Blindleistung stellen das Produkt aus Nullspannung, Summennullstrom und dem $\cos \varphi$ bzw. $\sin \varphi$ des Phasenwinkels zwischen den beiden dar. Sie können mit all den üblichen für Leistungsmessung benutzten Instrumenten gemessen werden. Bei Versuchen, bei denen der Erdschluß praktisch widerstandslos hergestellt ist, kann anstatt der Erdschlußspannung auch die Spannung der erdgeschlossenen Phasen (für Nullwirkleistung) bzw. die Spannung zwischen den gesunden Phasen (für Nullblindleistung) benutzt werden.

Meist ist es zweckmäßig, die Leistungsmesser nicht dem Nullstrom, sondern dem größeren Wandlernennstrom (5 A) entsprechend zu wählen, um eine Überbürdung der Wandler zu vermeiden.

Auf die Leistungsmessung haben die Stromoberwellen kaum merklichen Einfluß, da die Spannung meist nur in geringem Maße Oberwellen aufweist. Der theoretisch maximal mögliche Fehler bei 10% Oberwellen in der Spannung und 25% Oberwellen im Strom wäre z. B. 2,5%. Praktisch wird er meist unter diesem Wert liegen.

Da andererseits die Oberwellen die Strommeßgröße wesentlich beeinflussen können, geht es nicht an, wie es oft versucht wird, aus den gemessenen Strom-, Spannungs- und Leistungswerten den Leistungsfaktor zu ermitteln. Dieser muß entweder direkt gemessen (cos φ-Messer) oder aus den Blind- und Wirkleistungswerten ermittelt werden. Auch die Bestimmung des Leistungsfaktors aus den oszillographischen Aufnahmen ist wegen der Kurvenverzerrung sehr umständlich. Aus diesen Gründen ist es immer zweckmäßig, bei Versuchen zur Kontrolle des Kompensationszustandes einen Blindleistungs- oder cos φ- bzw. sin φ-Messer zu verwenden.

Auf eine Erscheinung soll noch aufmerksam gemacht werden, die es oft unmöglich macht, in vermaschten Netzen Nullwirk- oder Blindleistungen genau zu erfassen. Es ist dies die vektorielle Stromaufteilung bei parallelen Stromwegen, wenn der Widerstandscharakter der beiden Stromwege verschieden ist. An einem einfachen Beispiel sei diese Erscheinung erläutert.

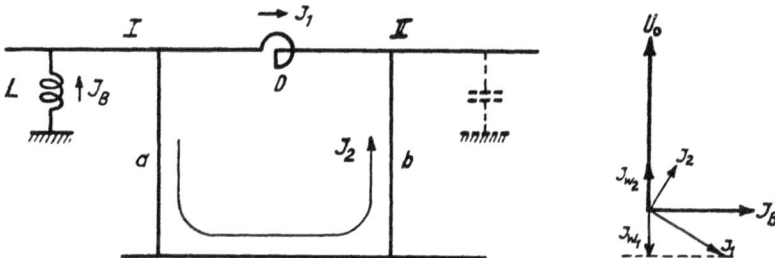

Abb. 64. Vorgetäuschte Nullströme (I_{w_1} u. I_{w_2}) durch vektorielle Aufteilung des Nullblindstromes (I_B):

I = Sammelschiene I.
II = Sammelschiene II.
D = Kurzschlußbegrenzungsdrossel.
L = Löschspule.
a—b = Leitungen.
I_B = Erdschlußblindstrom von SS I nach SS II.
I_1 u. I_2 = Teilströme.
I_{w_1} u. I_{w_2} = Vorgetäuschte Wirkstromanteile.

2 Sammelschienen (Abb. 64) eines Werkes seien über Drosselspulen miteinander gekuppelt, außerdem bestehe eine Verbindung über die Leitungen a und b. Es soll außerdem im Erdschlußfall von der Sammelschiene I nach II Nullstrom fließen, z. B. weil in II ein Erdschluß liegt oder weil in II die Kompensationseinrichtung angeschlossen ist. Dann fließt ein Teil des Nullstromes (I_1) direkt über die Verbindungsdrosselspulen, der andere (I_2) über die Leitungen a, b. Da die beiden Stromwege verschiedenen Anteil vom Ohmschen und induktiven Widerstand aufweisen, ist die Phasenlage der beiden Teilströme verschieden. Dadurch entstehen in den beiden Zweigen zusätzliche positive und negative Wirkströme, die sich meßtechnisch in den einzelnen Leitungen als Verlustströme darstellen, tatsächlich aber keine sind, da die Summe dieser »Wirkströme« in allen Leitungen wieder Null ergibt. Sehr störend

macht sich diese Erscheinung bei der Nullwirkleistungserfassung für den Selektivschutz in gelöschten Netzen bemerkbar, wenn irgendwo Drosselspulen im Netz eingebaut sind. Da die Nullwirkleistungen sehr klein gegenüber den Nullblindleistungen sind und deshalb bei einer geringen vektoriellen Verschiebung der Blindströme bereits eine starke Fälschung der Wirkleistung eintritt. Man kann sich dagegen nur durch möglichst gleichmäßiges Verteilen der Löscheinrichtungen schützen. Durch diese Maßnahme wird der Transport der Nullströme über größere Netzbezirke und damit die beschriebenen »Falsch«-Leistungen verhindert.

19. Erdschluß-Anzeige- und -Meldeeinrichtungen.

a) Anzeigen und Melden des Erdschlusses.

Die Größe der Sternpunktspannung gegen Erde sowie die Erhöhung der Phasenspannungen gegen Erde ist bei Erdschluß praktisch über das ganze galvanische zusammenhängende Netz konstant. Man kann also diese Spannungen ohne weiteres zur Erdschlußanzeige benützen. Übersichtlicher als die Spannungsmesser der einzelnen Phasen (gegen Erde) zeigt das in Kapitel 18 beschriebene Asymmeter Spannungsverlagerungen gegen Erde an.

Um auch kurzzeitige Erdschlüsse und vor allen Dingen deren zeitlichen Verlauf kenntlich zu machen, registriert man die Phasenspannungen oder die Erdschlußspannung mit sog. Störungsschreibern (Schnellschreiber), wie sie beispielsweise von den Firmen AEG, S & H oder Physikalische Werkstätten Berlin hergestellt werden. Für eine gewissenhafte Störungsklärung sind diese fast unentbehrlich geworden; besonders in ausgedehnten Netzen mit Kompensationseinrichtungen, wo die meisten Erdschlüsse als Wischer auftreten.

Da erfahrungsgemäß das Betriebspersonal die Erdschlußanzeige durch Spannungsmesser häufig übersieht bzw. der Registrierstreifen nur in größeren Zeitabständen betrachtet wird, ist es immer zweckmäßig, den Erdschluß akustisch oder optisch zu melden. In manchen Schnellschreibern steuert ein Kontakt an dem Spannungssystem ein zusätzliches Signalrelais, das die Störung anzeigt.

Wo ein solcher Schreiber nicht vorhanden ist, ist es am einfachsten, an die sekundäre Nullpunktspannung ein Spannungsrelais anzuschließen, das bei 40 bis 80 V anspricht und außerdem die Spannung von 110 V, die bei sattem Erdschluß an dem Relais auftritt, dauernd aushält. An die Kontakte dieses Spannungsrelais schließt man eine Alarmvorrichtung an.

Abb. 65 gibt die Ansicht eines solchen Relais der Firma AEG wieder. Das Relais zeigt den Erdschluß durch eine weiße Scheibe mit rotem Punkt an, außerdem können noch zusätzlich Hupen oder

Lampen angeschlossen werden. Die Alarmvorrichtung kann während des Erdschlusses bereits zurückgestellt werden, wobei aber am Relais selbst eine Warnscheibe stehen bleibt.
Diese Warnscheibe zeigt dem Bedienungs-
personal an, daß sich die Anlage noch nicht
wieder im normalen Betriebszustand befindet. Sobald der Erdschluß beseitigt ist,
ist der Magnet im Relais stromlos und gibt
die Sperrung der Warnstellung frei. Die
Signalscheibe geht selbsttätig durch Feder-
kraft in die Anfangstellung (Ruhestellung)
zurück.

Abb. 65. Erdschlußspannungsrelais der AEG.

Das Relais spricht auch bei kurzzeitiger
Erregung der Betätigungsspule, also bei
Erdschlüssen von kurzer Dauer bis herab zu
2 Perioden, sicher an. Lediglich Wischer
von einer Dauer von nur 1 Periode zeigt es nicht an.

Die gleiche Firma liefert auch Relais, die nur beim Auftreten des Erdschlusses und bei Verschwinden desselben kurze akustische Zeichen geben.

b) Anzeigen der fehlerhaften Phase.

Will man nicht nur den Erdschluß, sondern auch die fehlerhafte Phase erkennen, z. B. zum raschen Auffinden des Fehlers, so kann man das Abfallen der Spannung an der kranken Phase oder das Ansteigen der Spannungen an der gesunden Phase zu Hilfe nehmen.

Abb. 66 zeigt eine Erdschlußanzeigevorrichtung der Fa. S & H[1)] An den 3 Spannungen Phase-Erde liegt je ein Spannungsrelais, das bei Spannungsrückgang den Kontakt für einen Fallklappenstromkreis schließt. Damit die Fallklappen nicht bei gewöhnlichem Spannungs-rückgang, z. B. beim Abschalten des Anlageteils oder bei Kurzschlüssen, ansprechen, werden sie von der Nullspannung, die über einen sekundären künstlichen Sternpunkt gewonnen wird, betätigt. In den Fallklappen-kreis ist noch ein Spannungsrelais eingeschaltet, das ein akustisches Signal betätigen kann. Die Fallklappen schließen ihre eigene Spule nach dem Ansprechen kurz, damit Fehlanzeigen durch den Ausschwing-vorgang beim Abschalten des Erdschlusses vermieden werden.

Abb. 67 zeigt eine Erdschlußanzeigevorrichtung der AEG[2)]. Drei Spannungserhöhungsrelais sind an die Spannungen gegen Erde gelegt. Ihre Kontakte sind so in Zickzack geschaltet, daß bei Ansprechen von

---

[1)] S. a. Fritz Geise, Erdschlußmelder mit Anregesperre, Siemens-Z. 1935, S. 493.

[2)] S. a. H. Piloty, Ein neues Erdschluß-Anzeigerelais AEG, Mittlg. 1927, S. 443.

2 Relais der Stromkreis für die Meldelampe der nicht angesprochenen Phase geschlossen ist. Die Relais sind auf eine Spannungserhöhung um 25% eingestellt, d. h. sie sprechen bei etwa 80 V Phasenspannung an.

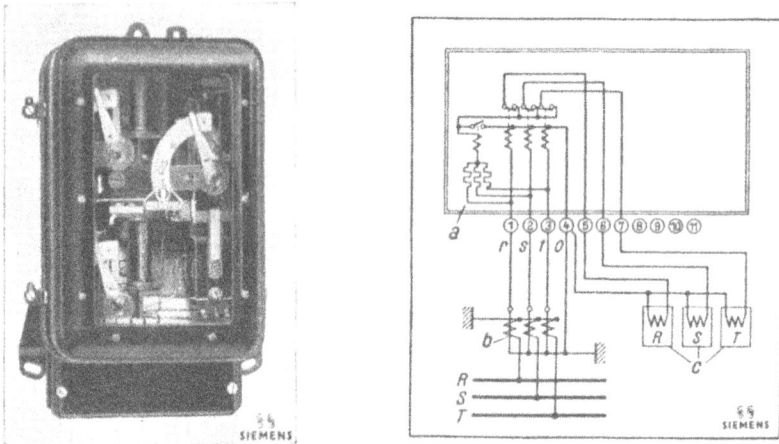

Abb. 66. Erdschlußanzeigevorrichtung der Firma S & H
Bild und Schaltung:
a = Relais.
b = Spannungswandler.
c = Fallklappen.

Abb. 67. Erdschlußanzeigerelais der AEG (Phasenanzeige). Bild und Schaltung.

Erfahrungsgemäß kommen Spannungssteigerungen von über 25% im normalen Betrieb nicht vor.

Bei allen Vorrichtungen, welche die erdgeschlossenen Phasen anzeigen, besteht die Gefahr der Falschmeldung infolge der überlagerten

Schwingungsvorgänge beim Ein- und Ausschalten des Erdschlusses oder beim Ein- und Ausschalten des Anlageteiles, an dem die Einrichtung angeschlossen ist. Die Spannungsverlagerungen beim Erdschluß-Einschwingvorgang sowie beim Zuschalten des Spannungswandlers oder des Anlageteiles, an dem das Relais angeschlossen ist, sind meist in einer Halbwelle beendet (s. Kapitel 2 u. 5).

Da die Einrichtung fast immer an Sammelschienen angeschlossen ist, die im allgemeinen eine sehr geringe Erdkapazität besitzen, klingen auch die beim Ausschalten liegenbleibenden Gleichstromladungen sehr rasch ab. Eine geringe zeitliche Ansprechverzögerung der Einrichtung reicht deshalb meist aus, um ein Fehlansprechen bei diesen Vorgängen zu verhindern. Oft verhindert schon die Eigenzeit des Relais ein Falschansprechen.

Die überlagerten Gleich- bzw. Wechselspannungen (s. Kapitel 2 u. 14b) beim Abreißen des Erdschlusses dauern wesentlich länger.

Beim Abschalten des Erdschlusses bleibt in unkompensierten Netzen sämtlichen Spannungen ziemlich lange eine Gleichspannung überlagert, die die Wandler während der ersten Halbwelle bis zu einem gewissen Grad sekundär wiedergeben, so daß der Effektivwert der 3 Phasenspannungen gegen Erde erhöht ist. In kompensierten Netzen verschwindet die überlagerte Spannung ebenfalls langsam, dabei kann in allen drei Phasen nacheinander für einige Zeit (einige Perioden) ein Erdschluß, wenn auch ein unvollkommener, vorgetäuscht werden. (S. Kapitel 14, Abb. 46). Gegen diese Fehlanzeige bei Erdschluß-Ausschwingvorgängen schützt man sich durch verriegeln der Einrichtung, sobald eine Phase angesprochen hat. (S. oben beschriebene Einrichtung von S & H.)

20. Selektiv anzeigende Erdschlußschutzsysteme.

Bei Kurzschluß in einem Hochspannungsnetz schaltet man bekanntlich den kranken Anlage- oder Leitungsteil möglichst rasch durch Relais ab, um überhaupt den gesamten Betrieb weiterführen zu können. Im Gegensatz hierzu erfordert der Erdschluß, auch wenn er stehen bleibt, an und für sich keine sofortige Abschaltung. Es ist sogar im allgemeinen erwünscht, solange in Betrieb zu bleiben, bis nach entsprechender Netzumschaltung die Verhältnisse es gestatten, den Erdschluß abzuschalten, ohne daß eine Unterbrechung der Stromlieferung eintritt.

Die Zeit, die ein Erdschluß stehen kann, bis er in Doppelerdschluß oder Kurzschluß übergeht, hängt von vielen Umständen ab, wie Isolationszustand der gesunden Phasen, Erdschlußstromstärke und vor allen Dingen von der Länge und Beschaffenheit der Erdschluß-Lichtbogenstrecke. Bei Fehlern in Freileitungsnetzen kann man oft stundenlang im Erdschluß weiterfahren. Aber auch Kabelerdschlüsse, die stundenlang stehen, sind keine Seltenheit. Meist hat hierbei das durch den

Lichtbogen geschmolzene Metall eine leitende Brücke zwischen Bleimantel und Kupferader hergestellt.

Da aber auch der Dauererdschluß eine erhöhte Beanspruchung der
gesunden Phasen bedingt und es von vielen Zufälligkeiten abhängt,
wann er in einen Doppelerdschluß oder Kurzschluß übergeht, wird man
immer bestrebt sein, so rasch wie möglich den fehlerhaften Anlageteil
aufzufinden und vom Netz abzutrennen.

Ist der Aufbau des Netzes einfach, z. B. bei Radialnetzen, und
sind nicht allzuviel Strecken vorhanden, dann schaltet man die einzelnen Strecken kurzzeitig ab und beobachtet dabei die Erdschlußanzeige-
vorrichtungen oder die Spannungen gegen Erde. Mit dem Abschalten
der kranken Leitung fällt dann die Erdschlußspannung ab.

In Netzen mit mehreren Speisequellen ist es zweckmäßig, den
Fehlerort erst durch Auftrennen des Netzes in einzelne galvanisch nicht
verbundene Teilnetze einzugrenzen. Das Auftrennen kann automatisch
durch Erdschlußspannungsrelais an den besonders dafür vorgesehenen
Stellen erfolgen[1]). Man vermindert dadurch gleichzeitig den Erdschlußstrom entsprechend der Netzunterteilung. In kompensierten Netzen
ist letzteres nur dann der Fall, wenn die einzelnen Teilnetze ihre eigene
Kompensationseinrichtung haben. In Ringnetzen kann man unabhängig von der Anzahl der Speisequellen auf die gleiche Weise die einzelnen Ringe automatisch aufteilen und dadurch ebenfalls das Aufsuchen
des Fehlers erleichtern.

In Netzen mit vielen Leitungen und mehreren Verteilungspunkten
erfordert das versuchsweise Abschalten der einzelnen Teile sehr viel
Zeit, und die Gefahr eines Kurzschlusses und einer Lieferungsunterbrechung wird entsprechend größer. Hier ist es deshalb zweckmäßig,
die Fehlerstellen mittels Relais selektiv anzuzeigen, damit die nötigen
Umdispositionen für die weitere Energielieferung rasch getroffen werden
können.

Zur selektiven Erfassung der kranken Leitung reicht die Erdschlußspannung nicht mehr aus, da sie praktisch über das ganze Netz
konstant ist. Es muß deshalb das zweite charakteristische Merkmal des
Erdschlusses, der Null- oder Summenstrom zu Hilfe genommen werden.
Für die Gewinnung des Nullstromes (Summenschaltung) an den einzelnen Netzunterbrechungsstellen werden die bereits für den Über-
lastungs- oder Kurzschlußschutz vorhandenen Stromwandler herangezogen. Sind diese nur in 2 Phasen vorhanden, so muß ein dritter
eingebaut werden. Zu beachten ist dabei, daß alle drei Wandler die
gleiche Charakteristik (gleiche Type) haben und gleich bebürdet sind,
damit keine »Falschströme« auftreten. (S. Kapitel 18 b.)

---

[1]) M. Walter, Der Selektivschutz nach dem Widerstandsprinzip, S. 111, Verlag R. Oldenbourg, München 1933.

a) Selektiv anzeigender Schutz in unkompensierten Netzen.

In unkompensierten Netzen ist der Nullstrom an der Fehlerstelle am größten und fließt von dort (Nullstromgenerator!) nach allen Teilen des Netzes. Mit der Entfernung vom Erdschlußort wird er immer kleiner und ist an den Endpunkten des Netzes, also an den Auf- und Abspanntransformatoren sowie an den Enden der Stichleitung Null. Seine Größe und Richtung kann also zum selektiven Anzeigen der kranken Leitungen benützt werden.

Als Relais verwendet man einphasige Blindleistungsrelais, die nach der in Abb. 68 wiedergegebenen Schaltung angeschlossen werden. Stellt man die an allen Leitungsenden eingebauten Relais so ein, daß sie ansprechen und eine Fallklappe betätigen, wenn die Nulleistung auf sie zufließt (Nullstromgenerator am Fehlerort), so können alle hintereinander liegenden, nach der Erdschlußstelle hinzeigenden Relais anprechen. Die vom Erdschluß betroffene Leitungsstrecke ist dadurch gekennzeichnet, daß an ihren beiden Enden die Relais signalisieren. Bei allen übrigen Leitungen spricht entweder nur das Relais an einem Ende oder überhaupt kein Relais an (vgl. Abb. 69).

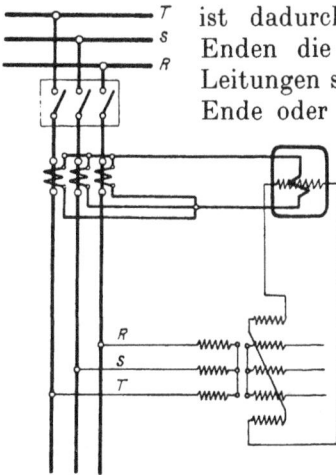

Abb. 68. Anschlußschaltbild für Erdschluß-Leistungsrelais (Blind- od. Wirklstg.)

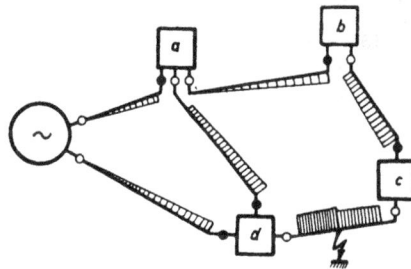

Abb. 69. Verhalten der selektiven anzeigenden Erdschlußrelais bei Erdschluß:
—○— Signalisierende Relais.
—●— Sperrende oder nicht ansprechende Relais.

Die Meldungen über die gefallenen Fallklappen werden in einer zentralen Stelle telephonisch gesammelt und in ein Netzschema eingetragen. Aus der Lage der angesprochenen Relais ergibt sich die kranke Leitung, die dann nach entsprechenden Netzumschaltungen außer Betrieb genommen werden kann.

Die Relais stellt man möglichst auf gleichen Ansprechwert ein. Der Ansprechstrom muß größer sein, als die Hälfte des Erdschlußstromes der längsten Leitung.

Für Stichleitungen kann man auch Stromrelais in der Summenschaltung (s. Abb. 62) verwenden. Liegt die Fehlerstelle innerhalb der

Stichleitung, so fließt am Beginn der Leitung als Nullstrom die Summe der Erdschlußströme aller gesunden Leitungen. Liegt der Fehler außerhalb der Leitung, so fließt dort nur der Erdschlußstrom der Stichleitung (s. Abb. 8). Es genügen also Überstromrelais mit Fallklappe, deren Ansprechwert zwischen diesen beiden Stromwerten liegt. Voraussetzung ist natürlich, daß zwischen beiden Werten ein genügender Unterschied besteht. Zu beachten ist dabei, daß der Erdschlußstrom der Länge der eingeschalteten Leitungen entspricht, d. h. er wird kleiner, wenn Netzteile ausgeschaltet werden.

Die Stromrelais sollten immer eine geringe zeitliche Verzögerung haben, damit sie nicht auf Nullstromstöße ansprechen, die beim Ein- oder Ausschalten der Leitung im normalen Betrieb oder auch beim Auftreten des Erdschlusses außerhalb der geschützten Leitung, infolge der Auf- und Entladestromschwingung auftreten. Außerdem sind Falschstromstöße beim Einschalten von Transformatoren oder Maschinen durch die falsche sekundäre Wiedergabe des überlagerten Gleichstromstoßes zu erwarten. Aber auch der bereits im normalen Betrieb oder noch mehr bei Kurzschluß auftretende Falschstrom der Stromwandler (s. Kapitel 18b) kann die Relais zum Ansprechen bringen.

Bei kleinen Erdschlußströmen (sekundär unter rd. 0,1 A oder bei Stabwandlern primär unter rd. 15 A) besteht außerdem die Gefahr der Wandlerüberbürdung, so daß unter Umständen der zum Ansprechen der Relais nötige Nullstrom von den Wandlern sekundär nicht mehr geliefert wird. Vor dem Einbau von Stromrelais müssen deshalb alle diese Punkte genau nachgeprüft werden.

Wenn die Sternpunktspannung sekundär vorhanden ist, sollte man möglichst auch für Stichleitungen Blindleistungsrelais verwenden.

b) Selektiv anzeigender Schutz in kompensierten Netzen.

In Netzen mit Löscheinrichtung ist der Strom an der Fehlerstelle auf einige Prozent des Erdschlußstromes herabgesetzt. Die Gefahren des Erdschlusses sind dadurch sehr stark vermindert. Trotzdem ist es auch betrieblich wichtig, Fehlerstellen möglichst rasch aufzufinden, besonders, wenn sich Dauererdschlüsse schon lange Zeit vorher durch immer wiederkehrende, ganz kurzzeitige Überschläge zur Erde, sog. Wischer, bemerkbar machen. Solche sich wiederholende Wischer weisen stets darauf hin, daß der Isolationszustand des Netzes gefährdet ist. Das Anzeigen der schadhaften Leitung bringt den großen Vorteil, daß vorbeugende Betriebsmaßnahmen getroffen werden können, wie Absuchen der gekennzeichneten Strecke und Auswechseln eines kranken Isolators, wodurch größere Störungen vermieden werden.

In kompensierten Netzen kommt der Erdschlußladestrom der Leitungen nicht mehr von der Fehlerstelle, sondern aus den Löschern. Er kann also zum Erfassen der kranken Leitung nicht herangezogen werden. Hierfür muß der nicht kompensierte Reststrom, und zwar dessen Wirkstromanteil benützt werden, denn dieser fließt praktisch unabhängig vom Abstimmungsgrad über die Fehlerstelle.

An Stelle der Blindleistungsrelais in unkompensierten Netzen tritt deshalb in kompensierten Netzen das Wirkleistungsrelais.

Die Verteilung der Nullwirkströme ist durch die Verluste im Netz und in den Löscheinrichtungen bedingt. Bei Vernachlässigung der Stromverluste in den Leitungen ergibt sich folgende Wirkstromverteilung: Die durch die Ableit- und dielektrischen Verluste bedingten Wirkströme verteilen sich genau so wie der kapazitive Erdschlußstrom im unkompensierten Netz. Sie nehmen also gleichmäßig von der Erdschlußstelle nach allen Seiten hin ab. Die durch die Löscheinrichtungen bedingten Nullwirkströme, die einen wesentlichen Anteil der Gesamtwirkrestströme darstellen (25 bis 75%), fließen mit gleichbleibender Stärke vom Fehlerort zu den einzelnen Löschern. (S. Abb. 70.)

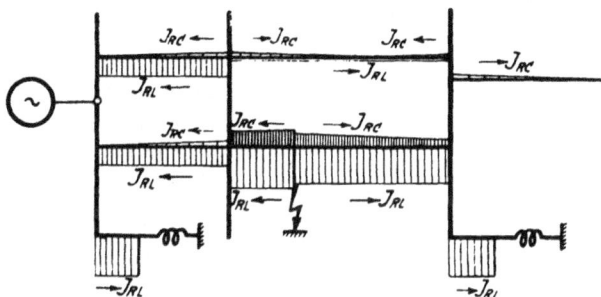

Abb. 70. Verteilung der Restwirkströme im Netz:
J_{RL} = der durch die Löscher bedingte Restwirkstrom.
J_{RC} = der durch die Ableitung und dielektrischen Verluste bedingte Restwirkstrom.

Die Relais an den einzelnen Leistungsschaltern werden so eingestellt, daß sie ansprechen, wenn Nullwirkleistung von der Leitung auf die Sammelschiene hin fließt. Im Erdschlußfall sprechen dann alle in Reihe liegenden gegen den Erdschlußort gerichteten Relais an.

Die Schwierigkeiten des Schutzes liegen in erster Linie in der Empfindlichkeit der Relais. Der gesamte Reststrom beträgt meist nur einen Bruchteil der Wandlernennströme; der Ansprechwert der Relais muß aber wegen der Aufteilung des Reststromes am Fehlerort nach zwei Seiten in meist ungleiche Teile noch wesentlich unter der Hälfte des Gesamtreststromes liegen.

Sind im Netz Drosselspulen eingebaut oder Leitungen mit verschiedenem spezifischen Nullwiderstand vorhanden, dann müssen die Löscheinrichtungen im Netz genügend gleichmäßig verteilt sein. Durch das Fließen von Blindströmen über parallele Strecken mit verschiedenem Verhältnis von induktivem zu Ohmschem Widerstand, also verschiedenen Impedanzwinkeln, entstehen positive und negative Nullwirkleistungen, die nicht mit den eigentlichen Verlusten des Netzes oder der Löscheinrichtungen in Zusammenhang stehen (s. Kapitel 18c). Diese zusätzlichen, mit dem Erdschlußort in keiner Weise zusammenhängenden Nullwirkleistungen können das richtige Arbeiten des Schutzes in Frage stellen.

c) Vergleichsschutzsysteme.

Alle für den selektiven Kurzschlußschutz verwendeten Vergleichsschutzsysteme eignen sich grundsätzlich auch zur Erfassung von Erdschlüssen. Die schon in den obigen Abschnitten erwähnten Ungenauigkeiten der Stromwandler zwingen dazu, Vergleichsschutzsysteme mit einer hinreichenden Unempfindlichkeit auszustatten, die das Arbeiten bei kleinsten Fehlerströmen z. B. in kompensierten Netzen verhindert. Infolgedessen sind viele Vergleichsschutzsysteme nur in beschränktem Maße für einen Erdschlußschutz geeignet.

Beim Achterschutz für Doppelleitungen werden die sekundären Phasenströme der beiden Leitungen miteinander verglichen. Die Differenz zwischen den Strömen der beiden Leitungen wird den Relais für den Kurzschlußschutz und Erdschlußschutz nach der in Abb. 71 wiedergegebenen Schaltung zugeführt. Als Erdschlußrelais wird ein Blind- bzw. Wirkleistungsrelais mit Kontaktgabe in den beiden Leistungsrichtungen verwendet. Bei einem Erdschluß außerhalb der Doppelleitungen fließen in den Doppelleitungen gleichgroße und gleichgerichtete Ströme, das Erdschlußrelais bleibt stromlos. Bei Erdschluß auf einer der beiden Leitungen stört der aus der fehlerhaften Leitung herausfließende Erdschlußstrom das Gleichgewicht der Ströme. Die Nulleistungsrelais erhalten Strom und schlagen nach der einen oder anderen Richtung aus, je nachdem auf welcher Leitung der Fehler liegt.

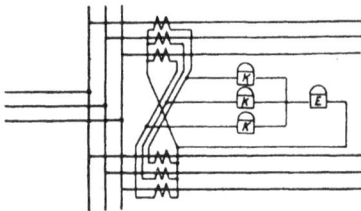

Abb. 71. Erdschlußrelais in Achterschaltung einer Doppelleitung:
E = Erdschlußrelais.
K = Relais für den Kurzschlußschutz.

Die Kabelschutzsysteme nach Dr. Glaser sowie nach Pfannkuch stellen einen sehr empfindlichen selektiven Erdschlußschutz dar, der bereits beim Entstehen eines Fehlers arbeitet. Da diese Schutzarten Spezialkabel und Spezialapparate voraussetzen, konnten sie bis jetzt keine weitere Verbreitung finden.

21. Die selektive Erdschlußabschaltung.

In Freileitungsnetzen kann man die Ausbildung von Erdschluß-
lichtbögen durch Einbau einer Löscheinrichtung verhindern. Zugleich
macht diese Einrichtung es möglich, im Dauererdschluß lange Zeit ohne
betriebliche Nachteile weiterzufahren. Dort besteht deshalb kaum das
Bedürfnis einer raschen selektiven Erdschlußabschaltung, der außerdem
vielfach der Nachteil einer Lieferungsunterbrechung anhaftet.

Anders liegen die Verhältnisse in großen Kabelnetzen. Hier bleibt
trotz richtiger Kompensation ein erheblicher Reststrom. Der Lichtbogen in dem kurzen Durchbruchskanal der Kabelisolation wird nicht
mehr gelöscht und geht schnell in einen Dauererdschluß über. Die Iso-
lation der gesunden Phasen am Fehlerort wird dabei thermisch stark
beansprucht. Ist sie bereits in der gleichen Weise wie die durchgeschla-
gene Phase (ausgetrocknet, mechanisch überbeansprucht u. dgl.) be-
schädigt, dann hält sie der thermischen und der durch den Erdschluß
bedingten erhöhten Spannungsbeanspruchung nicht lange stand. Der
Übergang zum Kurzschluß erfolgt dann ziemlich rasch. Eine schnelle
automatische Abschaltung der kranken Leitung ist hier betrieblich sehr
vorteilhaft. Besonders in stark vermaschten Kabelnetzen, wo der
Ausfall einer Strecke keine Lieferungsunterbrechung bedeutet, kann
ein selektiv abschaltender Erdschlußschutz den Grad der Betriebs-
sicherheit stark erhöhen, da er einen großen Teil der Kurzschlüsse verhindert und damit auch deren unangenehmen Begleiterscheinungen, wie
Außertrittfallen von Generatoren, Motoren und Umformern, Abschaltung von Konsumenten durch Unterspannungsschutz u. dgl.

Für die selektive Erdschlußabschaltung können prinzipiell die gleichen Einrichtungen wie für die selektive Erdschlußanzeige benützt werden. Vergleichsschutzsysteme würden sich z. B. in gleicher Weise wie
für die Erdschlußanzeige auch für die Erdschlußabschaltung eignen.
Diese sind aber in größeren Netzen — und nur solche kommen für Erdschlußabschaltung in Frage — kaum anzutreffen. Man wird deshalb
meistens Leistungsrelais verwenden müssen.

Da der Wirkreststrom in erster Linie durch die Löscher bedingt
ist, fließt er von der Fehlerstelle zu den Löschern in praktisch gleichbleibender Größe. Alle Relais, die auf diesem Wege hintereinander liegen,
erhalten die gleiche Nulleistung, sprechen also gleichzeitig an und lösen
zugleich aus, so daß auch gesunde Leitungen unnötigerweise mitaus-
gelöst werden.

In Netzen mit einfachem Aufbau, in denen die Löscher an einer
Stelle konzentriert sind, kann man dies dadurch verhindern, daß
man in Reihe liegenden Relais eine mechanische Zeitstaffelung gibt;
die Relais an den Löschern erhalten dabei die größte Auslösezeit
(s. Abb. 72).

In Netzen mit örtlich verteilten Löschern kann diese mechanische Zeitstaffelung wegen Fehlens eines Schwerpunktes, auf den der Restwirkstrom zufließt, nicht angewandt werden. Es wurde schon vorgeschlagen, für diesen Fall einen künstlichen Belastungsschwerpunkt im Netz automatisch zu schaffen, z. B. in Form eines Ohmschen Widerstandes, der in Reihe mit einer Löschspule liegt und der kurz nach Auftreten eines Erdschlusses automatisch zugeschaltet wird[1]). In der Praxis ist diese Methode jedoch noch nicht angewandt worden.

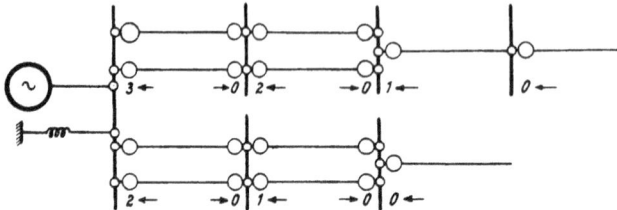

Abb. 72. Erdschlußschutz in einem kompensierten Netz mit Löscher nur an einer Stelle. Die Pfeile an den Relais geben die eingestellte Ansprechrichtung, die Zahlen die Auslösezeit (unabhängig) an.

Die Selektivität der Relais in vermaschten Netzen mit verteilten Löschern läßt sich aber erreichen, wenn man statt der rein mechanischen Zeitstaffelung eine leistungsabhängige in Verbindung mit einer mechanischen anwendet. Die Auslösezeit des Erdschlußrelais muß also mit abnehmender Nulleistung kleiner werden (leistungsabhängige Staffelung), und außerdem müssen die Relais so einstellbar sein, daß sie für gleiche Leistung verschiedene Auslösezeiten haben (mechanische Staffelung). Ein solches Relais (das Erdschlußreststromzeit-Relais von S & H) ist in Kapitel 22 näher beschrieben. Die mechanische Zeitstaffelung braucht dann nur für hintereinanderliegende Relais bis zum nächsten Knotenpunkt (Sammelschiene) durchgeführt zu werden, an dem sich die Nulleistung aufteilt. Von dort aus wird die Zeitstaffelung durch die geringere (aufgeteilte) Leistung erreicht.

Der Ansprechwert der Relais der zweiseitig gespeisten Leitungen muß wegen der Stromaufteilung nach beiden Seiten des Fehlerortes unterhalb 50% des gesamten Restwirkstromes bei voller Erdschlußspannung liegen. Anderseits ist es zweckmäßig, zur Vermeidung von Falschauslösungen die Relais nicht zu empfindlich einzustellen; bei einer Einstellung auf 35% der gesamten Nullwirkleistung erreicht man noch eine sichere Auslösung bei einer Erdschlußspannung von rd. 84% (quadratische Abnahme der Leistung mit der Erdschlußspannung).

---

[1]) Siehe P. Bernett, Die Bekämpfung des Erd- und Kurzschlusses in Hochspannungsnetzen, R. Oldenbourg 1927.

Die Abb. 73 zeigt die eingestellte mechanische Zeitstaffelung in dem Ausschnitt aus einem kompensierten vermaschten Netz mit verteilten Löscheinrichtungen.

Da in kompensierten Netzen die Nullblindströme ein Vielfaches der Wirkströme betragen, müssen die Relais absolut blindstromunempfindlich sein. Außerdem müssen in Netzen mit verschiedenen Leitungsquerschnitten, sowie in Netzen mit Kurzschlußdrosselspulen die Löscher möglichst gleichmäßig verteilt sein; denn sonst können aus den in Kapitel 18 c näher ausgeführten Gründen unabhängig von der Verluststromverteilung zusätzlich negative und positive Nullwirkströme auftreten, die unter Umständen Fehlauslösung von Relais hervorrufen.

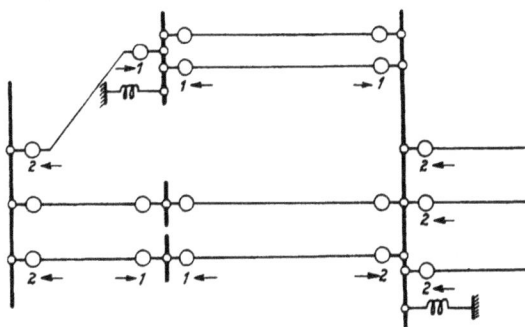

Abb. 73. Ausschnitt aus einem stark vermaschten Netz mit verteilten Löschern, das mit leistungsabhängigen Zeitrelais geschützt ist. Die Zahlen an den Relais geben die eingestellte mechanische Zeitstaffelung an.

Eine weitere Schwierigkeit für den Erdschlußschutz bildet der Doppelerdschluß. Denn bei dieser Fehlerart liegen die auftretenden Nullwirkströme in der Größenordnung der Kurzschlußströme, sind also 10- bis 1000 mal so groß wie der im Erdschlußfall wirksame Restwirkstrom. Es ist klar, daß in diesem Fall die Selektivität des leistungsabhängigen empfindlichen Erdschlußschutzes nicht mehr gewahrt ist. Man überläßt die Klärung dieser Fehlerart dem Kurzschlußschutz und macht den Erdschlußschutz während dieser Fehlerart unwirksam. Für das Sperren der Relais kann man die Erdschlußspannung zu Hilfe nehmen. Theoretisch kann die Spannungsverlagerung bei Doppelerdschluß zwar ebenso hoch wie bei normalem Erdschluß werden. (S. Kapitel 10.) In den praktisch vorkommenden Fällen liegt sie aber doch immer erheblich darunter; mit einer Sperrung des Schutzes bei Spannungsverlagerungen unter 80% der vollen Erdschlußspannung wird man daher sein Arbeiten bei Doppelerdschluß im allgemeinen verhindern können. (S. Kapitel 22. Das Erdschlußreststrom-Zeitrelais von S & H).

Zur Unterscheidung der beiden Fehlerarten können auch die beim Doppelerdschluß infolge der starken unsymmetrischen Strombelastung auftretenden unsymmetrischen Spannungen herangezogen werden. Während beim normalen Erdschluß die Spannungen gegen Erde nur ein »Mit«- und ein »Null«-System[1]) aufweisen, bedingen die unsymmetrischen Spannungsabfälle beim Doppelerdschluß außerdem ein »Gegen«-System. Zum Aussieben des Gegensystems verwendet man sog. Drehfeldscheider[2]). Durch diese läßt man bei Auftreten eines Gegensystems den Anwurfkreis des Erdschlußrelais öffnen, wodurch die Relais bei Doppelerdschluß gesperrt werden. Voraussetzung für das Wirken der Drehfeldscheider ist, daß an ihrem Einbauort die Spannungsabfälle bei Doppelerdschluß nicht zu gering sind.

22. Beschreibung einiger selektiver Erdschlußrelais.

Wie aus den Kapiteln 20 und 21 hervorgeht, werden für den selektiven Erdschlußschutz in erster Linie einphasige wattmetrische Relais benützt, die für die Verwendung in kompensierten Netzen auf Wirkleistung (cos φ-Schaltung) für unkompensierte Netze auf Blindleistung (sin φ-Schaltung) ansprechen müssen. Im folgenden werden einige solche auf dem Markt erhältliche Relais beschrieben, die besonders für den Erdschlußschutz entwickelt wurden.

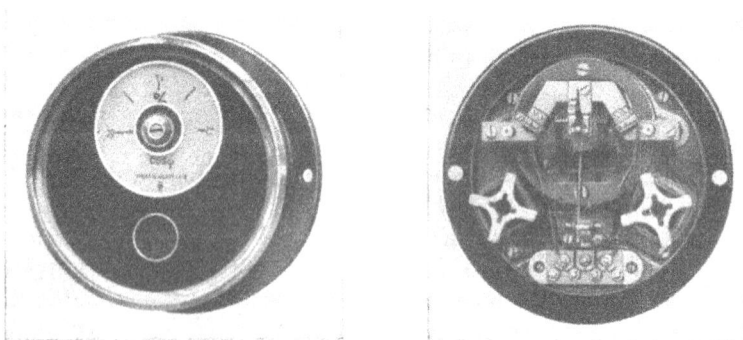

Abb. 74. Erdschluß-(Leistungs-)Relais von S & H Type RW 1.

Das Erdschlußrelais von Siemens & Halske Type RW 1 ist ein nach dem Prinzip des Elektrodynamometers gebautes wattmetrisches Relais (Abb. 74). Es hat eine feste Stromspule und eine bewegliche Spannungsspule. Die elektrische Empfindlichkeit des Meßwerkes ist dadurch nach Möglichkeit gesteigert, daß die erzeugten

---

[1]) G. Oberdorfer, Das Rechnen mit symmetrischen Komponenten, Verlag Teubner 1929.
[2]) Friedländer u. Schmutz, Über Drehfeldscheider zur Aufspaltung unsymmetrischer Drehstromsysteme in die symmetrischen Komponenten. Wissenschaftl. Veröffentlichungen a. d. Siemens-Konzern Berlin 1931, Seite 24.

Kraftlinien fast durchweg im Eisen verlaufen. Um die Wirkung der gegenseitigen Induktion der beiden Spulen zu vermeiden, sind ihre Achsen rechtwinklig aufeinandergestellt; außerdem ist der Kontaktweg sehr klein gehalten. Ein Vorzug dieses Relais ist die weitgehende Unabhängigkeit von den höheren Harmonischen des Erdschlußstromes. Das gleiche Relais wird als Blindleistungsrelais mit eingebauter Kunstschaltung für ungelöschte Netze geliefert (RbW 1). Die technischen Daten des Relais sind:

Ansprechwert 5 bis 25% der Nennleistung beim Relais in Blindleistung (sin φ-)Schaltung.

Ansprechwert 2 bis 10% der Nennleistung beim Relais in Wirkleistung (cos φ-)Schaltung.

Der angegebene Ansprechbereich ist mittels Drehknopf einstellbar.

Eigenverbrauch im Spannungspfad: 20 VA,
» Strompfad bei 5 A: 7,5 VA.

Die Ausführung eines »Wischerrelais« von Siemens & Halske zeigt Abb. 75. Das Relais beruht ebenfalls auf dem eisengeschlossenen dynamometrischen Prinzip. Seine Empfindlichkeit beträgt bei Dauererdschluß etwa 0,2 % des Nennstromes bei einer Erdschlußdauer von einer Periode etwa 1%. Die Stromspulen sind so bemessen, daß sie 5 A, den Nennstrom der Stromwandler, dauernd aushalten. Außerdem sind sie kurzschlußfest, damit sie bei einem auftretenden Doppelerdschluß den Kurzschluß solange ertragen, bis der Kurzschlußschutz den Fehler beseitigt hat.

Damit das Relais bei Erdschlüssen von nur einer Periode Dauer bereits anspricht, ist das bewegliche System

Abb. 75. Erdschluß-Wischer-Relais von S & H geöffnet.

in Richtung der Kontaktgabe ungedämpft (ballistisches System). Für einen Ausschlag in entgegengesetzter Richtung ist es jedoch gedämpft, damit fälschliche Kontaktgabe durch Prellungen vermieden werden.

Das Relais betätigt die als Anzeigevorrichtung dienende Fallklappe, die getrennt vom Relais ausgeführt wird. Mit der Fallklappe kann eine Klingel, sowie ein Zählwerk verbunden werden, das die Anzahl der aufgetretenen Wischer registriert.

Ein weiteres hochempfindliches Relais der gleichen Firma, das insbesondere für gelöschte Netze mit kleinstem Reststrom bestimmt ist, zeigen die Abb. 76. Das Relais spricht bereits bei einem Erdschlußstrom von 0,2% des Nennstromes an. Der Kontakt der Relais wird durch eine Ferrarisscheibe betätigt, deren Triebmagnet erst bei Erdschluß Spannung erhält. Die Scheibe besitzt eine Sperrnase, die je nach der Lage des Erdschlusses durch ein Richtungselement gesperrt oder freigegeben wird. Dies ist ein dynamometrisches eisengeschlossenes System mit hoher Empfindlichkeit, das wie ein einfaches Erdschlußrelais angeschlossen wird. Das Relais hat eine konstante, also für alle Erdschlußströme gleiche Ablaufzeit von 1 s. Seine Schaltleistung beträgt 100 VA.

Abb. 76. Hochempfindliches Erdschluß-(Leistungs-)Relais von S & H, geöffnet und geschlossen.

Das hochempfindliche wattmetrische Erdschlußrelais der AEG, Pl. Nr. 350282 W (Abb. 77) arbeitet nach dem Ferrarisprinzip. Bei der Konstruktion hat man sich zum Teil an die Konstruktion von Einphasen-Wechselstromzählern gehalten. Der Spannungsmagnet besteht aus einem dreischenkligen Eisenkern, dessen mittlerer Schenkel die Spannungswicklung A_1 trägt. Der hintere Schenkel ist verlängert umgebogen und unter der als Triebkörper dienenden Aluminiumscheibe B bis zum vorderen Schenkel geführt. Dadurch wird das auf die Scheibe motorisch wirksame Spannungsfeld stark vergrößert. Eine weitere Änderung der Empfindlichkeit kann durch eine am unteren Teil des mittleren Spannungskernes befindliche Eisenschraube E vorgenommen werden. Durch eine verschiebbare Schelle auf dem Widerstandsdraht kann der Strom in der Kurzschlußwindung so reguliert werden, daß seine Reaktion auf den Hauptstromfluß für das Drehmoment der Triebscheibe am günstigsten wird. Auf dem unter der Aluminiumscheibe sitzenden U-förmigen Stromeisen, das um 90° gegen die Ebene des Spannungskernes gedreht ist, ist außer der Stromspule A_2 eine über einen Widerstandsdraht kurzgeschlossene Wicklung aufgebracht.

An der Achse der Triebscheibe ist ein Silberkontakt befestigt, der sich bei Drehung der Triebscheibe gegen den feststehenden Gegenkontakt bewegt. Bei Kontaktgabe wird die Spule C eines Wechselstrommagneten an die Nullpunktspannung gelegt, der die Sperrung eines

Abb. 77. Erdschluß-Leistungs-Relais der AEG, Ferraris-Type, geöffnet und geschlossen.

kräftigen Fallkontaktes C_2 freigibt. Durch diesen wird zur Fehleranzeige eine Signallampe oder eine Hupe an eine Hilfsspannung oder auch an die Nullpunktspannung gelegt. Der Fallkontakt sowie die mit ihm verbundene Fallklappe D wird mittels eines Drehknopfes wieder in die Ruhelage zurückgelegt. Die Fallklappenrelaisspule schaltet sich nach dem Ansprechen durch ihren Unterbrechungskontakt C_1 selbständig ab.

Die Leitungsaufnahme der Relais ist im Spannungspfad etwa 3,9 VA (1,0 W) und im Strompfad nur etwa 2 VA. Das Relais ist staubdicht gekapselt.

Die Spannungswicklung der Relais wird so ausgelegt, daß sie 110 V Wechselstrom dauernd aushält. Die Stromwicklung wird der Größe des Erdschlußstromes und dem Stromwandlerübersetzungsverhältnis angepaßt.

Die Empfindlichkeit beträgt bei entsprechender Bemessung der Stromwicklung 0,11 W, d. h. es sind bei 110 V Nullpunktspannung zum Ansprechen nur 0,001 A Wirkstrom erforderlich. Aus praktischen Gründen empfiehlt es sich jedoch, nicht bis an die Grenze der Empfindlichkeit herabzugehen. In nahezu allen Fällen genügt eine Empfindlichkeit von 1,1 W, das sind 0,01 A.

Die Bedingung des Ansprechens auf Nullblindleistung wird mittels einer Kunstschaltung erfüllt. Die Spannungsspule bzw. die Stromspule des Relais werden so bemessen, daß die Phasenverschiebung zwischen Nullspannung bzw. Nullstrom und den entsprechenden Kraftflüssen möglichst gering bleibt, daß also die 90° Phasenverschiebung zwischen Strom und Spannung im Relais erhalten bleibt. Aus diesem Grunde schaltet man vor die Spannungsspule und parallel zur Stromspule je einen Ohmschen Widerstand. Dadurch wird das Verhältnis vom induktiven zum Ohmschen Widerstand im Strom- und Spannungskreis so verändert, daß die Phasenverschiebung zwischen Nullspannung und Nullstrom nahezu 90° bleibt.

Abb. 78. Elektrodynamisches Erdschlußrelais der AEG. Außenansicht und Dynamometer.

Die AEG. baut ein weiteres hochempfindliches wattmetrisches Erdschlußrelais nach dem dynamometrischen Prinzip Modell RER. (Siehe Abb. 78.) Die bewegliche Spannungsspule wird im Erdschlußfalle von der Nullpunktspannung erregt, während die feste Stromwicklung vom Summennullstrom durchflossen wird.

Arbeitet das Relais in kompensierten Netzen in cos φ-Schaltung, so ist in Reihe mit der Spannungsspule ein Vorwiderstand geschaltet; dieser wird durch einen Kondensator ersetzt, wenn das Relais — in nicht kompensierten Netzen — in sin φ-Schaltung benutzt wird. (Modell RER mod.) Dadurch wird zwar die Empfindlichkeit verschlechtert, jedoch ist dies belanglos, da die Nullblindleistungen immer wesentlich größer als die Nullwirkleistung sind.

Um das Ansprechen des Relais auf kurze Erdschlußwischer zu vermeiden, ist auf dem Spannungsrähmchen eine verhältnismäßig große Masse angebracht, wodurch die Auslösezeit vergrößert wird. Die Kontaktgabe erfolgt nur nach einer Richtung. Der Kontakt ist federnd ausgeführt, um guten Kontaktschluß herbeizuführen. Beim Ansprechen des Erdschlußrelais wird ein Hilfsrelais erregt, das durch eine Fallklappe den Fehler kenntlich macht. Durch einen Arbeitskontakt im Hilfsrelais kann ferner ein Hupensignal betätigt werden. Ein zweiter Arbeitskontakt bewirkt die Selbsthaltung des Hilfsrelais. Dynamometer und Fallklappenrelais werden in einem normalen Drehstromzählergehäuse untergebracht.

Die Leistungsaufnahme des Relais beträgt im Spannungskreis 16 VA bei 110 V, im Stromkreis 2,15 VA.

Die Ansprechempfindlichkeit des Relais liegt bei 0,11 W, d. h. bei 110 V Nullspannung beträgt der Ansprechstrom 0,001 A Wirkstrom.

Das Erdschlußreststrom-Zeitrelais (RW 51) von S. & H. ist für selektive Erdschlußabschaltung in vermaschten Netzen bestimmt (Abb. 79). Das Relais ist aus einem Induktionszähler entwickelt. Strom- und Spannungsfluß wirken unter dem Einfluß des Nullstromes und der Nullspannung auf eine Laufscheibe, welche nach Zu

Abb. 79. Erdschluß-Reststrom-Zeitrelais
von S & H

rücklegung eines einstellbaren Weges den Kontakt schließt. Die Auslösezeit ist angenähert umgekehrt proportional der wirkenden Leistung. Durch Verstellen des kleinen Magneten kann die Ansprechleistung, durch Verändern der Scheibennullage (Kontaktweges) die Auslösezeit verändert werden.

Zur Erhöhung der Kontaktschaltleistung wird am Ende des Laufweges ein an der Scheibe festgemachter Eisenstift in eine kleine von der Erdschlußspannung erregte Spule gesaugt. Die Verriegelung des Relais bei Doppelerdschlüssen erfolgt durch ein zusätzliches, im gleichen Gehäuse eingebautes Spannungssteigerungsrelais (RV 2). Dieses von 50 bis 100 V (45—90%) einstellbare Relais schließt den Stromkreis des Span-

nungspfades für das Erdschlußrelais erst dann, wenn die Erdschlußspannung den eingestellten Betrag ($\sim 80\%$) überschreitet.

Eine Fallklappe am Relais zeigt an, ob eine Auslösung durch das
Erdschlußrelais erfolgt ist.

Technische Daten des Relais:

  Nennstrom 5 A, Nennspannung 100 V.
  Schaltleistung 100 VA.
  Verbrauch im Spannungspfad rd. 10 VA.
  Verbrauch im Strompfad 1,5 VA bei 5 A.

Das Relais ist auch als Blindleistungsrelais für ungelöschte Netze
ausführbar.

23. Erdschlußschutz für Transformatoren.

Der Erdschluß an Transformatoren unterscheidet sich von dem
Erdschluß im übrigen Netz durch die Möglichkeit einer beliebig großen
Spannungsverlagerung zwischen dem Wert der Phasenspannung und
Null. Die Erdschlußspannung entspricht nach den Ausführungen in
Kapitel 3 jeweils dem negativen Wert der Spannung, die in normalem
Betrieb zwischen dem geerdeten Punkt und Erde liegen würde. Je
näher der Erdschluß am Wicklungssternpunkt liegt, desto kleiner ist
die Spannungsverlagerung. Bei einem Fehler im Sternpunkt ist die
Verlagerung Null, bei einem Fehler an den Phasenklemmen gleich der
Phasenspannung. Bei Wicklungen, die in Dreieck geschaltet sind, kann
die Spannungsverlagerung zwischen der halben Phasenspannung (Mitte
der Phasenwicklung) und ganzen Phasenspannung liegen.

Da der Erdschlußstrom proportional mit der Größe der Spannungsverlagerung zurückgeht, können alle Erdschlußrelais entsprechend ihrer
Empfindlichkeit nur einen bestimmten Umfang der Wicklung schützen.

Im allgemeinen besteht aber gar kein Bedürfnis, die in der Nähe
des Sternpunktes liegenden Wicklungsteile in den Erdschluß mit ein-
zubeziehen, da dort die Gefahr des Dauererdschlusses wegen der
niedrigeren Spannung geringer ist und auch die Auswirkungen des
Erdschlusses infolge des kleineren Stromes wesentlich zurückgehen.
Meistens wird man mit einem Schutz für 50 bis 80 % der Wicklung
ausreichen.

Für den Transformatoren-Erdschlußschutz können die gleichen
Relais wie die für den Leitungsschutz angegebenen (Kapitel 20 u. 21)
verwendet werden, also Blind- bzw. Wirkleistungsrelais oder Stromrelais
in der Summenschaltung. Wegen der sekundären Falschstromstöße
beim Einschalten des Transformators müssen die Stromrelais verzögert
werden.

Ist am Sternpunkt der Transformatorwicklung eine Löschspule angeschlossen, so muß der Löschspulenstrom ebenfalls zur Summenbildung mit herangezogen werden (s. Abb. 80).

Der Schutz mittels Nullstrom oder Nulleistungsrelais schützt naturgemäß nur die eine Wicklung des Transformators, an die er angeschlossen ist.

In vielen Fällen schützt der für andere Fehlerarten (Windungsschluß oder Kurzschluß) eingebaute Schutz zugleich gegen Erdschluß.

Ist beispielsweise ein Transformator mit Differentialschutz ausgerüstet, so schützt dieser ihn auch gegen Erdschlüsse, wenn der Erdschlußstrom des angeschlossenen Netzes den eingestellten Ansprechwert des Relais überschreitet. Beim Differentialstromschutz wird dies nur bei größeren ungelöschten Netzen der Fall sein, der hochempfindliche Differentialwattschutz dagegen wird meist auch in gelöschten Netzen ausreichen.

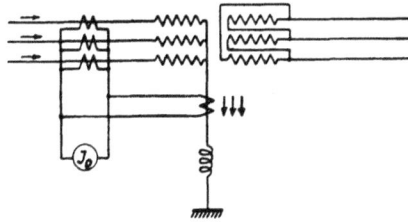

Abb. 80. Strom-Summenbildung an einem Transformator mit Löschspule.

Für den Differentialschutz sind mit Rücksicht auf Erdschlüsse in einigen Fällen besondere Maßnahmen nötig[1]). Es muß z. B. bei zweiphasigem Schutz für einen Transformator mit Erdschlußspule der Spulenstrom zur Differenzbildung mit herangezogen werden. Bei einem Wattschutz mit Zwischenspannungswandler dürfen die Niedervoltsternpunkte der Spannungswandler nicht geerdet werden, sonst wird die sekundäre Dreieckswicklung der Zwischenspannungswandler durch die übertragene Nullspannung unzulässig erwärmt.

Der Buchholz-Schutz, der die Gasbildung im Öl bei Fehlern unter dem Deckel für die Fehlermeldung oder Abschaltung zu Hilfe nimmt, bildet ebenfalls einen selektiven Erdschlußschutz für Transformatoren. Er hat den Vorteil, bereits schleichende Fehler zu melden. Jedoch kann er Fehler außerhalb des Deckels nicht anzeigen, außerdem muß in Netzen mit selektiver Erdschlußabschaltung damit gerechnet werden, daß die Abschaltung nicht genügend rasch und damit nicht selektiv erfolgt, wenn der Fehler nur geringe Gasmengen entwickelt.

24. Erdschlußschutz für Generatoren.

Die Wicklung eines Generators ist größtenteils in geerdete Teile eingebettet. Die häufigste Störungsart ist deshalb der Erdschluß oder Gestellschluß, wie er auch genannt wird. Windungsschluß oder Kurzschluß sind meist erst eine Folge dieser Fehlart. Der Erdschlußschutz

---

[1]) E. Schulze, Elektrizitätswirtschaft, 1933, S. 277 u. 298, Erdschlußprobleme bei großen Kabelnetzen.

ist deshalb der wichtigste Schutz eines Generators; hinzu kommt, daß die Erfassung des Erdschlusses die Möglichkeit gibt, den Generator schon bei geringer Beschädigung abzuschalten.

Die Größe der Spannungsverlagerung und des Erdschlußstromes ist je nach der Lage des Fehlers und nach der Schaltart des Generators verschieden. Bei sterngeschalteten Generatoren schwanken diese Werte zwischen Null und vollem Wert (Sternpunkt- bzw. Klemmenerdschluß), bei dreieckgeschalteten Maschinen zwischen dem halben und vollen Wert (Fehler in der Wicklungsmitte bzw. an den Wicklungsenden).

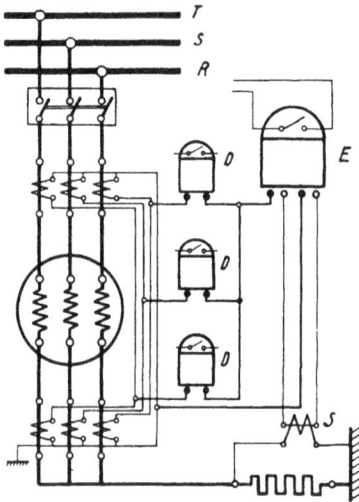

Abb. 81. Erdschlußschutz für einen Generator, der unmittelbar auf ein Netz arbeitet, mit gerichtetem Leistungsrelais im Sternpunkt, in Verbindung mit Differentialstromschutz. Zur Erhöhung der Nulleistung ist zwischen Sternpunkt und Erde ein Widerstand eingebaut:
E = Erdschlußleistungsrelais.
D = Differentialrelais.
S = Spannungswandler.

Bei Generatoren, die direkt auf ein Netz arbeiten, ist der volle Erdschlußstrom gleich dem Erdschlußstrom des Netzes, bei Generatoren, die über Transformatoren auf das Netz arbeiten, ist der Erdschlußstrom infolge der geringen Erdkapazität der galvanisch zusammenhängenden Anlage verschwindend klein.

Für den Erdschluß in Generatoren sind eine ganze Reihe von Schutzsystemen ausgebildet worden, auf die alle näher einzugehen den Rahmen dieses Buches weit überschreiten würde. Es werden deshalb im folgenden nur einige grundsätzlich verschiedene Schutzarten kurz behandelt.

a) Schutz mit Nulleistungsrelais für Generatoren, die direkt auf ein Netz arbeiten.

Generatoren ohne Nullpunkt können in der gleichen Weise wie die Leitungen oder Transformatoren (Kapitel 20 bis 23) mit Nulleistungsrelais geschützt werden. Die Grenze für die Empfindlichkeit der Relais ist durch Falschströme der Maschinenstromwandler bei Überströmen — z. B. bei Doppelerdschluß im Netz — begrenzt. Über 70% der Wicklung — von den Klemmen aus gerechnet — wird man kaum schützen können.

Ist der Sternpunkt des Generators zugänglich, so kann die Nulleistung durch Erden des Sternpunktes über Widerstände erhöht werden. Der Nullstrom wird dann in Differentialschaltung, die Nullspannung mittels Spannungswandlers, der parallel zum Erdungswiderstand liegt, gewonnen. (S. Abb. 81.) Mit diesem Schutz können bereits bis zu 90% des Wicklungsumfanges erfaßt werden.

Die Summenbildung der Ströme kann auch magnetisch erfolgen. Sämtliche Zuleitungen des Generators sowie Verbindungsleitungen zwischen Sternpunkt und Erde werden durch einen gemeinsamen Wandler-Eisenkörper (Ferrantiwandler) hindurchgeführt. Nur bei einem Erdschluß innerhalb des Schutzbereiches ist die Summe der Ströme nicht mehr Null, so daß das Wandlereisen erregt wird. An die auf dem Eisen aufgebrachte Wicklung ist der Strompfad des Leitungs-Erdschlußrelais angeschlossen. Um die Wirkung von Streuflüssen durch die nicht symmetrische Lage der Primärleiter ausgleichen zu können, wird die Sekundärwicklung unterteilt und als Schubwicklung ausgeführt.

Durch Anwendung einer Kunstschaltung mit Eisenwiderständen im Spannungsrelais kann die Empfindlichkeit der Relais bei gleicher Überlastungsfähigkeit noch wesentlich erhöht werden.

b) Schutz durch Spannungs- oder Überstromrelais im Sternpunkt für Generatoren, die auf Transformatoren arbeiten.

Ist dem Generator ein Transformator unmittelbar vorgeschaltet, so stellt der Generator mit Primärseite des Transformators und den Verbindungsleitungen für den Erdschluß eine in sich isolierte Einheit dar. Wird der Sternpunkt des Generators über Widerstände geerdet, so fließt bei Erdschluß in dieser Einheit über die Fehlerstelle und den Widerstand ein durch die Spannungsverlagerung und den Widerstand bedingter Fehlerstrom. Mit einem im Widerstandskreis liegenden,

Abb. 82. Erdschlußschutz durch Überstromrelais im Sternpunkt für einen Generator, der über Transformator auf das Netz arbeitet.

über Wandler angeschlossenen Stromrelais können dann Erdschlüsse erfaßt werden (Abb. 82.)

Der Erdungswiderstand muß so bemessen sein, daß einerseits bei Fehlern in der Nähe der Klemmen die Beschädigungen am Fehlerort klein bleiben, andererseits aber ein möglichst großer Teil der Wicklung vom Schutz erfaßt wird. Zu empfindliche Einstellung des Stromrelais führt zu Falschauslösungen bei Erdschlüssen auf der Sekundärseite der Transformatoren (im Netz) infolge der kapazitiven Kopplung von Ober- und Unterspannungswicklung des Transformators. (S. Kapitel 3b.)

Dieser Schutz ist zwar relaistechnisch sehr einfach, jedoch macht der Raumbedarf für die Nullpunktwiderstände meist Schwierigkeiten.

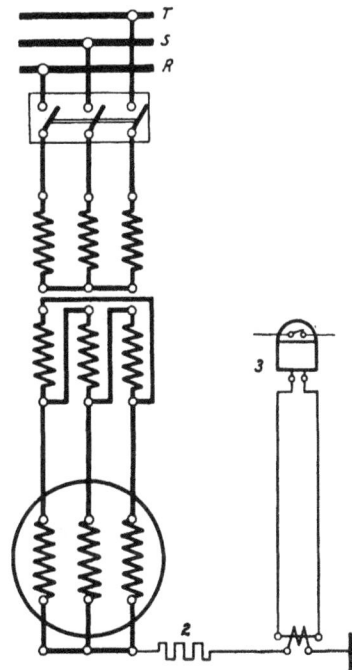

Die Widerstände und Stromrelais können auch durch einen Spannungswandler mit Spannungsrelais ersetzt werden. Die Gefahr der
Falschauslösung durch Erdschlüsse im außenliegenden Netz ist aber noch
größer. Der Schutzbereich ist deshalb noch stärker begrenzt (rd. 60%
der Wicklung). Eine von Dr. Bütow angegebene Anordnung ver-
meidet diese Nachteile durch zusätzliche Einrichtungen (Abb. 83).

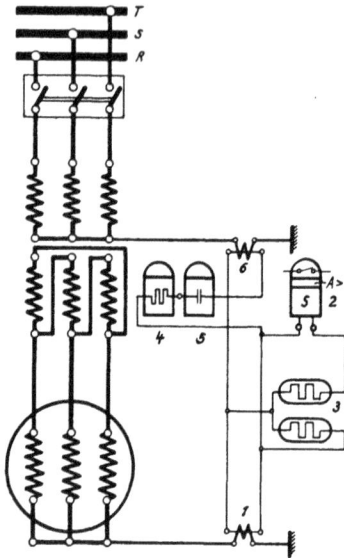

Abb. 83. Erdschlußschutz für Generator
nach Dr. Bütow:
1 = Spannungswandler.
2 = Überstromrelais.
3 = Eisenwiderstände.
4 = Ohmscher Widerstand.
5 = Kondensator.
6 = Ausgleichswandler im Stern-
    punkt der Transformator-
    Sekundär-Wicklung.

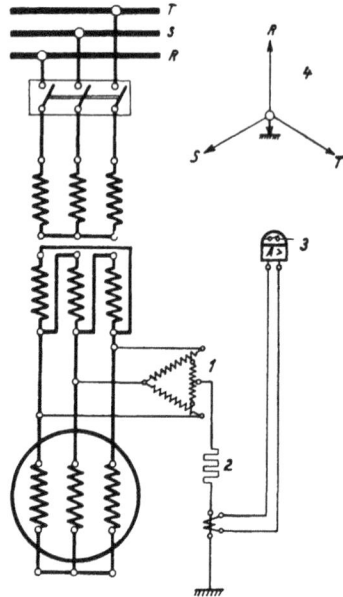

Abb. 84. Generator-Erdschlußschutz
durch Überstromrelais im künstlich ver-
lagerten Sternpunkt:
1 Hilfstransformator zur Erzeugung
  einer Verlagerungsspannung.
2 Begrenzungswiderstand.
3 Überstromrelais.
4 Vektordiagramm für den erdschlußfreien Betrieb.

An die Sekundärseite des Spannungswandlers ist ein Stromrelais
über Eisenwiderstände angeschlossen, welche die Ströme bei höheren
Spannungen begrenzen, so daß das Relais empfindlich eingestellt werden kann, ohne bei hohen Spannungen überlastet zu werden. Parallel
zum Stromrelais liegen ebenfalls Eisenwiderstände, die Ausgleichsvor-
gänge vom Relais fernhalten.

Der Einfluß der kapazitiven Kopplung mit dem außenliegenden
Netz wird durch einen Strom kompensiert, der dem Oberspannungs-
sternpunkt des Transformators über einen Ausgleichspannungswandler
entnommen wird. Zu genauer Abgleichung sind Widerstände und
Kapazitäten in den Sekundärkreis eingeschaltet.

c) Erdschlußschutz mit künstlich verlagertem Sternpunkt.

Die unter a) und b) beschriebenen Erdschlußarten haben den Nachteil, daß sie den Teil der Wicklung in der Nähe des Sternpunktes nicht schützen und daß die Relais besonders empfindlich eingestellt werden müssen, um den geschützten Wicklungsbereich möglichst weit zu erstrecken. Dieser Nachteil wird vermieden, wenn man dem Sternpunkt des Generators dauernd eine Spannung gegen Erde aufdrückt, die in ihrer Richtung mit keiner der Phasenspannungen zusammenfällt.

Die Hilfsspannung kann über den Sternpunkt durch einen Einphasenwandler aufgedrückt werden, der primär an eine verkettete Spannung angeschlossen ist, oder sie kann durch die unsymmetrische Erdung eines entsprechend gebauten Hilfswandlers gewonnen werden (Abb. 84). Als Relais wird ein Stromrelais, das in Reihe mit einem Widerstand in der Erdverbindung liegt, benützt.

Nach einem Vorschlag von Dr. Bütow wird dem Nullpunkt eine Spannung überlagert, deren Frequenz von der Betriebsfrequenz abweicht (z. B. 100 Hz). Diese wird über einen ruhenden Frequenzumformer gewonnen.

25. Prüfen der Erdschlußleistungsrelais auf Energierichtung.

Eine der schwierigsten, dabei wichtigsten Arbeiten beim Einbau gerichteter Erdschlußrelais ist die Feststellung ihrer Energierichtung. Aus der Klemmenbezeichnung am Relais selbst ist meist die Energierichtung des betreffenden Elementes nicht zu ersehen. Andererseits sind die Klemmenbezeichnungen für die sekundären Erdschlußspannungen besonders bei Spannungswandlern aus früheren Lieferjahren ohne Rücksicht auf die Spannungsrichtung vorgenommen. Nun ist aber gerade die Einstellung der Energierichtung eine Arbeit, die unbedingt vor Inbetriebnahme der Relais vorgenommen werden muß, da ja der Selektivschutz auf der Energierichtung der Relais aufgebaut ist.

Abb. 85 zeigt eine einfache Schaltung, mit der der richtige Anschluß des Erdschlußrelais einschl. Sekundärleitungen und Nullspannungswicklung des Spannungswandlers kontrol-

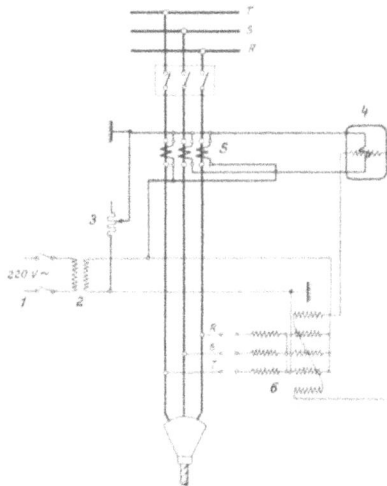

Abb. 85. Schaltung für die Prüfung der Erdschlußwirkleistungsrelais auf Energierichtung:

1 Anschluß am Niederspannungsnetz.
2 Hilfstransformator.
3 Widerstand.
4 Erdschlußrelais.
5 Betriebsstromwandler.
6 Betriebsspannungswandler.

liert werden kann. Vorausgesetzt werden muß jedoch bei der Anwendung dieser Schaltung die richtige Klemmenbezeichnung der Primär-
und Sekundärwicklungen der Strom- und Spannungswandler. Im allgemeinen sind diese aber bei Prüfung der ebenfalls an den Wandlern
angeschlossenen Kurzschlußschutzrelais kontrolliert. Sonst muß diese
Klemmenkontrolle nach den bekannten Methoden getrennt durchgeführt
werden. Der Wickelsinn der Nullspannungswicklungen, der im allgemeinen nicht bekannt ist, wird jedoch, wie bereits
erwähnt, mitkontrolliert, und zwar gegen die Sekundärwicklung.

Die Prüfung wird wie folgt durchgeführt:

Der Betriebsspannungswandler (6), der hochspannungsseitig vom Netz
getrennt ist, wird sekundär-
seitig mit Phasenspannung
(58 V) oder darunter erregt,
und zwar sind alle drei Phasen parallel geschaltet. Parallel zum Spannungswand-
ler wird über einen Ohm-
schen Widerstand (3) die
Sekundärwicklung eines der
drei oder alle drei Stromwandler (5) gelegt. Der
Widerstand wird so einge-
stellt, daß die Stromwicklung des Relais nicht überlastet wird, z. B. bei 0,5 A
Nennstrom des Relais und
50 V Hilfsspannung über
100 Ω.

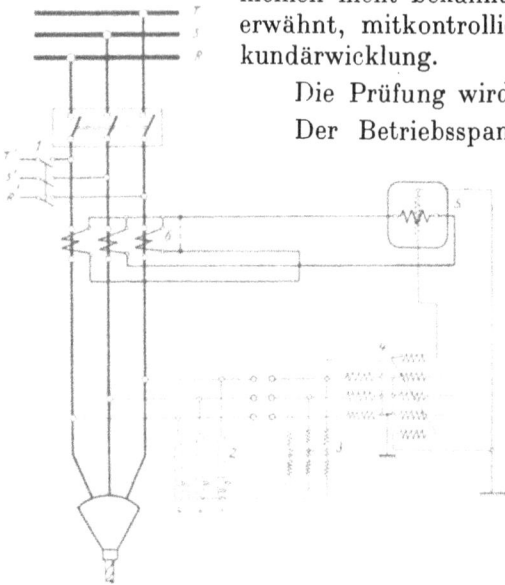

Abb. 86. Schaltung für die Vornahme der primären Probe
für Erdschlußleistungsrelais:
1 Anschluß am Niederspannungsnetz.
2 Belastungswiderstand.
3 Hilfswandler.
4 Fünfschenkelwandler.
5 Erdschlußrelais.
6 Kurzschlußverbindung.

Zu beachten ist, daß
die Erdverbindungen der Strom- und Spannungswandlerkreise auf der
gleichen Seite des Hilfsstromkreises liegen oder während der Prüfung
abgetrennt werden. Der Strom kann dem Niederspannungsnetz (220 V)
über Transformator (2) oder Widerstand entnommen werden. Im letz-
teren Falle ist besonders auf die Lage der erwähnten Erdverbindungen
zu achten.

Erfolgt der Anschluß nach der im Schaltbild angegebenen Weise,
dann muß das Erdschlußrelais in die Auslösestellung gehen, wenn es
im Betrieb bei Erdschluß auf der Leitung auslösen soll.

Abb. 86 zeigt das Schaltbild einer Einrichtung, mit deren Hilfe
der Relaisanschluß einschließlich Strom- und Spannungswandler, sowie

Verbindungsleitung nachgeprüft werden kann. Sie besteht aus einem drei-poligen Belastungswiderstand mit angeschaltetem Spannungswandler.

Von einer dreiphasigen Hilfsstromquelle (380 oder 220 V) wird über die Schutzstromwandler nach dem Belastungswiderstande Strom geschickt. Der Betriebsspannungswandler ist hochspannungsseitig von der Sammelschiene oder der Leitung abgetrennt und wird über einen Hilfswandler erregt. Der Anschluß der Hilfsquelle muß mit dem glei-chen Drehsinn erfolgen, wie ihn die zu prüfende Anlage hat. Die Über-brückung der Trennstelle muß gleichpolig vorgenommen werden, die entsprechenden Klemmenbezeichnungen sind an der Prüfeinrichtung anzubringen. Ein Pol des Betriebsspannungswandlers (Fünfschenkel-wandler oder ähnlich geschalteter Wandler) ist zur Vortäuschung des Erdschlusses mit seinem Sternpunkt zu verbinden. Der Stromwandler des gleichen Pols wird sekundär überbrückt und aus der Summenschal-tung ausgeschaltet. Hierbei ist zu beachten, daß durch die Heraus-nahme des Stromwandlers in der Summenschaltung ein Strom ent-steht, der um 180° gegen den im Betriebe auftretenden Erdschlußrest-wirkstrom verschoben ist. Die von der Sekundärseite der Wandler be-trachtete Leistungsrichtung ist also umgekehrt als bei Erdschluß auf der zu prüfenden Leitung. Soll das Erdschlußrelais demnach richtig ansprechen — auf Erdschluß innerhalb der betreffenden Leitung —, so muß es bei der Prüfung nach Abb. 86 sperren. Durch Wechseln der Strom- oder Spannungsanschlüsse ist die Gegenprobe zu machen.

Zweckmäßig ist es, durch einen Erdschlußversuch im Betrieb zu-mindestens an einem Relais das Arbeiten der Einrichtung nachzuprüfen.

Die beschriebene Einrichtung läßt sich auch zum Einstellen der Richtungsrelais für den Kurzschlußschutz benutzen.

Literatur-Verzeichnis.

AEG, Technische Beratungsstelle, Rechnungsgrößen für Hochspannungsanlagen. AEG-Mitteilungen, 1927, S. 452.

Albrecht, D., Über die Messungen von Erdungswiderständen. Siemens-Zeitschrift, 1926, S. 248.

Ahrberg, F., Praktische Winke für den Erdschlußschutz. E. u. M., 1927, S. 66.

Arnold, R., u. Bernett, P., Beitrag zur Erdschlußfrage. ETZ, 1925, S. 1263.

Bauch, R., Vorgänge bei Erdschluß. Siemens-Zeitschrift, 1921, S. 261.

—. Vorbeugender Schutz durch den Löschtransformator. Siemens-Zeitschrift, 1925, S. 279 u. 336.

Bernett, Die Bekämpfung des Erd- und Kurzschlusses in Hochspannungsnetzen. Verlag R. Oldenbourg, 1927.

Berger, Fortschritte in der Erkenntnis des Blitzes und Überspannungsschutzes elektrischer Anlagen. Bull. S. E. V., 1934, S. 641.

Bollmann, W., Der Anschluß von Erdlöschspulen. BBC-Nachrichten, 1934, S. 87.

v. Bütow, Der Einfluß der Induzierung auf die Bemessung von Erdschlußeinrichtungen für Generatoren, die auf Transformatoren arbeiten. Arch. f. Elektrotechnik, 1931, S. 177.

Diesendorf u. Groß, Entkopplungseinrichtungen für parallel geführte Hochspannungsleitungen. E. u. M., 1935, S. 481.

Gaarz, W., u. Sorge J., Über ein hochempfindliches Erdschlußrelais zum Erfassen von Erdschlüssen kürzester Dauer. Siemens-Zeitschrift, 1925, S. 391.

van Gastel, Die Kompensation des Erdschlußstromes in Freileitungsnetzen mit langen Teilstrecken. Bull. S. E. V., 1932, S. 157.

Gauster, Spannungsverlagerung an Polerdschlußlöschern. E. u. M., 1925, S. 133.

Groß, E., u. Weller, W., Über die zulässige Empfindlichkeit von Erdschlußrelais in Hochspannungsnetzen. E. u. M., 1932, S. 117.

Grünewald, H., Messung von Blitzstromstärken. ETZ, 1934, S. 505 u. 536.

Jonas, J., Schutz von Hochspannungsnetzen gegen die Folgen von Erdschlüssen. Bull. S. E. V., 1924.

Krönert, J., Messung von Erdwiderständen. ATM, S. 35, 192—1.

Mossoloff, Das hochempfindliche Erdschlußrelais. AEG-Mitteilungen, 1924, S. 71.

Mayr, O., Die Erde als Wechselstromleiter. ETZ, 1925, S. 1352 u. 1436.

Oberdorfer, G., Das Rechnen mit symmetrischen Komponenten. Verlag Teubner, 1929.

—, Der Erdschluß und seine Bekämpfung. Verlag Springer, 1930.

Ollendorf, Fr., Erdströme. Verlag Springer, 1928.

Petersen, W., Überströme und Überspannungen in Netzen mit hohem Erdschlußstrom. ETZ, 1916, S. 129, 148, 493, 512.

—, Der aussetzende (intermittierende) Erdschluß. ETZ, 1917, S. 553 u. 564.

—, Unterdrückung des aussetzenden Erdschlusses durch Nullwiderstände und Funkenableiter. ETZ, 1918, S. 341.

Petersen, W., Die Begrenzung des Erdschlußstromes und die Unterdrückung des Erdschlußlichtbogens durch die Erdschlußspule. ETZ, 1919, S. 5 u. 17.

Pflier, P. M., Messungen von Erdungswiderständen. ATM, V 35192—2.

Piloty, Kompensation der Oberwellen im Erdschlußstrom. ETZ, 1926, S. 1479.

Pohlhausen, Grundlagen der Besserung von Starkstromerden. Fachberichte der 32. Jahresversammlung d. VDE-Kiel, 1927.

Rachel, A., Höchstspannungsanlagen und Nullpunktserdung. ETZ, 1926, S. 289 u. 772.

Reithoffer, M., Neue Anordnungen für Erdstromlöschspulen. E. u. M., 1921, S. 246 u. 423.

Rüdenberg, R., Die Ausbreitung der Luft- und Erdfelder in Hochspannungsnetzen. ETZ, 1925, S. 1342—44.

—, Elektrische Schaltvorgänge. Verlag Springer, 1926.

Schulze, E., Erdschlußprobleme in großen Kabelnetzen. El. Wirtsch., 1933, S. 277 u. 298.

Titze, H., Erdschluß- und Doppelerdschlußstromverteilung in elektrischen Netzen und ihr Einfluß auf den Erdschlußschutz. Doktor-Dissertation, T. H. Berlin 1935.

Walter, M., Selektiv-Schutzeinrichtungen für Hochspannungsanlagen. Verlag R. Oldenbourg, 1929.

Sachregister.

Kurzschlußströme in Drehstromnetzen

Berechnung und Begrenzung · Von Dr.-Ing. M. Walter

146 Seiten, 107 Abb. Gr.-8⁰. 1935. RM. 6.50.

„Das Buch von Walter ist als ein vorzüglicher Helfer zu bezeichnen für alle diejenigen, die in die gekennzeichnete Gedankenwelt eindringen wollen. Die einfache Darstellung, der übersichtliche Aufbau, die Ausstattung mit guten Bildern und praktische Berechnungsbeispiele lassen das Wesentliche klar hervortreten. Mit glücklicher Hand ist es vermieden, daß lediglich eine Sammlung von Berechnungsformeln gegeben wird; wenn auch nicht immer die Herleitung der Formel gebracht werden konnte, so bleiben doch die physikalischen Zusammenhänge stets klar erkennbar. Die beigefügten Schrifttumshinweise ermöglichen es dem Leser ohne weiteres, sich in Einzelheiten zu vertiefen und auch die Ziele der Weiterentwicklung zu erkennen." Elektrotechnische Zeitschrift

Der Selektivschutz nach dem Widerstandsprinzip

Von Dr.-Ing. M. Walter. 172 Seiten, 144 Abb. Gr.-8⁰. 1933. RM. 8.50.

„Das Buch ist aus der Praxis für die Praxis geschrieben. Der selektive Netzschutz nach den verschiedenen Arten der widerstandsabhängigen Fehlereingrenzung hat darin eine in sich geschlossene und umfassende Darstellung gefunden. Von den heute bekannten Relaisarten für widerstandsabhängigen Netzschutz einschließlich der neuesten schnellarbeitenden Relais werden das Grundsätzliche des Arbeitens, die Aufbauteile, die Schaltungen und die Anwendungsmöglichkeiten gebracht. Das Buch ist damit nicht nur in der Hand des Entwurfs- und Betriebsingenieurs ein wertvolles Hilfsmittel, sondern stellt auch für den Studierenden eine ausgezeichnete Einführung und Wegleitung in das Gebiet des selektiven widerstandsabhängigen Netzschutzes dar." Elektrotechn. Zeitschrift

Meßbrücken und Kompensatoren

Von Dr. Josef Krönert. Band I: Theoretische Grundlagen. 282 Seiten. 350 Abb. Gr.-8⁰. 1935. In Leinen geb. RM. 13.80.

Aus dem Inhalt: Physikalische Einleitung; Gleichstrom-Indikatoren; Gleichstromquellen; Gleichstrom-Verstärker; Normalien der Gleichstrombrücken und Gleichstrom-Kompensatoren; Gleichstrombrücken; Gleichspannungs-Kompensatoren; Wechselstrom-Indikatoren; Wechselstromquellen; Schirmung u. Erdung; Hilfsmittel für Wechselstrom-Brücken und -Kompensatoren; Die Wechselstrombrücken; Wechselstrom-Kompensatoren; Beschreibung der Wechselstrom-Kompensatoren; Wechselstrom-Kompensationsschaltungen; Wechselstrom-Kompensatoren besonderer Art.

R. OLDENBOURG · MÜNCHEN 1 UND BERLIN